電子商務概論

(第二版)

主　編　王　悅
副主編　馬法堯

崧燁文化

前 言

　　電子商務是國民經濟和社會信息化的重要組成部分。大力推進電子商務是轉變經濟增長方式，積極應對經濟全球化挑戰，提高競爭力的有效舉措。據中華人民共和國國家統計局網站數據，2014年，中國互聯網寬帶接入端口40,105.40萬個，互聯網上網人數64,875萬人。艾瑞諮詢統計數據顯示，2014年中國電子商務市場交易規模12.3萬億元，增長21.3%。可見，隨著全球信息技術的快速發展與互聯網的日益普及，中國電子商務應用初見成效，交易量不斷增長，出現了良好的發展勢頭。

　　編者於1999年開始接觸互聯網，並被其強大的信息服務功能所震撼，此後，親歷了互聯網經濟泡沫破裂以及中國電子商務浪潮的到來與快速發展。尤其是2004年12月，支付寶的橫空出世，使阻礙中國電子商務發展的瓶頸——交易安全性問題得以解決，中國電子商務與互聯網經濟由此快速發展，企業與政府各界也逐漸意識到了網路信息技術的重要性。到目前為止，中國電子商務已經比發展初期有了質的飛躍，無論是上網人數、在線交易量還是互聯網技術都已經上了一個新的臺階。然而，目前中國電子商務的發展與國外相比，還有比較大的差距，在電子商務發展過程中，還存在一些問題。比如，相關法律法規還不夠健全、中國電子商務交易所依賴的社會信用體系還不夠完善、許多電子商務網站的商業模式雷同，等等。此外，中國電子商務的發展並不能完全照搬國外的模式，一定要發展有中國特色適應中國消費習慣和文化傳統習慣的電子商務交易模式。比如，貨到付款就是一種典型的具有中國特色的電子商務支付方式，它符合中國消費者的消費習慣和文化習慣。另外，中國第三方支付目前是一種比較安全的支付方式，它一方面提供了交易雙方的在線支付平臺，另一方面也起到了信用仲介的作用。

　　本書基於電子商務各個方面的理論與筆者的相關實踐，比較系統地論述了電子商務的相關基礎知識，其理論性、實踐性與現實性都比較強。本書基本內容如下：第1章是導論，是本書的概述部分，主要介紹了電子商務的定義、電子商務的要素和特點、電子商務的安全性與解決之道、電子商務的類型、電子商務的發展階段、電子商務的國際特性以及電子商務研究的目的、內容、方法與環境建設等電子商務的基本內容。第2章是網路營銷，主要介紹網路營銷的定義與類型、網路營銷的特點、搜索引擎營銷等網路營銷方式、市場細分、企業與顧客關係的生命週期、網路廣告以及網路營銷策略等內容。第3章是電子支付，本章主要介紹常用支付方式、典型的網上支付

工具、中國電子商務環境下的支付方式、網上銀行以及電子商務網上支付解決方案等內容。第4章是電子商務的商業模式，本章介紹了電子商務商業模式及其要素，重點敘述了B2C、B2B、C2C等不同類型電子商務的商業模式，如阿里巴巴、騰訊、淘寶等不同類型電子商務企業的不同商業模式的主要類型和特點。第5章主要介紹了電子商務網站建設與相關技術，包括Internet（互聯網）概述、TCP/IP協議、IP地址與域名、萬維網簡介以及電子商務網站規劃設計等內容。第6章介紹了電子商務物流，包括物流的定義與構成要素、電子商務中的四個流的關係、電子商務物流管理、傳統物流與現代物流、電子商務物流的主要模式以及中國電子商務物流的現狀與對策等內容。第7章介紹了電子政務，包括電子政務的概念與類型、電子政務的案例、電子政務的發展歷程與應用、電子政務的國內外現狀、以及電子政務在中國的最新發展等內容。第8章介紹了電子商務的法律與稅收問題，包括安全性問題、知識產權問題、言論自由和隱私權的衝突以及電子文件的有效性問題等電子商務的法律問題以及電子商務交易中的稅收問題。第9章介紹了移動商務。迄今為止，移動電子商務已經經歷了三代。與傳統的商務活動相比，移動商務具有顯著優點，同時也存在一些問題，但通過信息技術的不斷發展，移動商務在中國和其他國家將成為電子商務發展的又一個高潮。

本書注重理論與實踐相結合，原理與技術相結合，融合了關於企業電子商務的戰略決策、具體方法上的建議以及典範電子商務企業的案例，本書的論述基本涵蓋了電子商務的方方面面，不但包括了電子商務的傳統領域，更廣泛地吸收了電子商務領域的最新發展和研究成果，如博客與微博營銷、QQ群營銷等。本書由淺入深，循序漸進；重點介紹概念和方法，盡量做到理論聯繫實際。書中設置了案例分析、習題、小知識、新聞事件和參考書目與參考網址等，可供讀者在分析案例、檢驗學習成果與實踐操作時作為參考，進一步加深相關理論的掌握。本書既可作為高等院校電子商務專業和經濟類、管理類、信息類等非電子商務專業的電子商務概論課程的教材，也可作為企業管理人員的培訓教材、自學參考書以及電子商務師的參考書。筆者衷心希望讀者通過本書的閱讀，能夠掌握電子商務的基礎知識與各種戰略技巧以及電子商務方案的制訂與實施。

本書由王悅主編，馬法堯擔任副主編，牟紹波、吳怡峰、王浩參與編寫。參與編寫人員所做的主要工作如下：王悅編寫第1章、第2章、第3章、第4章和第6章，馬法堯編寫第5章，牟紹波編寫第7章，馬法堯、王浩編寫第8章，吳怡峰編寫第9章；初稿完成後，由王悅和馬法堯進行統稿，最後由王悅修改並最終定稿。由於時間倉促與編者水平有限，尤其是電子商務還處於不斷發展當中，本書編寫中的不足與欠妥之處在所難免，懇請廣大讀者不吝指正，筆者將衷心地感謝。

王 悅

目 錄

CONTENTS

1 導論 ………………………………………………………… (2)
    1.1 什麼是電子商務 ………………………………………… (2)
    1.2 電子商務的要素和特點 ………………………………… (9)
    1.3 電子商務的安全性和解決之道 ………………………… (12)
    1.4 電子商務的類型與典型企業 …………………………… (14)
    1.5 適合電子商務交易的商品類型 ………………………… (18)
    1.6 電子商務的國際特性 …………………………………… (20)
    1.7 電子商務與公共知識 …………………………………… (22)
    1.8 電子商務研究的目的、內容、方法與環境建設 ……… (25)
    1.9 幾個電子商務網站實例 ………………………………… (26)
    本章小結 ……………………………………………………… (27)
    本章習題 ……………………………………………………… (28)

2 網路營銷 …………………………………………………… (32)
    2.1 市場營銷 ………………………………………………… (32)
    2.2 網路營銷的概念及特點 ………………………………… (33)
    2.3 網路營銷方式 …………………………………………… (34)
    2.4 市場細分 ………………………………………………… (44)
    2.5 企業與顧客關係的生命週期 …………………………… (47)
    2.6 網路營銷策略 …………………………………………… (48)
    本章小結 ……………………………………………………… (52)
    本章習題 ……………………………………………………… (53)

- 3 電子支付 ………………………………………………………………（56）
  - 3.1 常用支付方式 ………………………………………………………（56）
  - 3.2 電子支付概述 ………………………………………………………（58）
  - 3.3 網上銀行 ……………………………………………………………（65）
  - 3.4 電子商務網上支付解決方案 ………………………………………（68）
  - 本章小結 …………………………………………………………………（76）
  - 本章習題 …………………………………………………………………（77）

- 4 電子商務的商業模式 …………………………………………………（80）
  - 4.1 商業模式及其要素 …………………………………………………（80）
  - 4.2 電子商務的商業模式 ………………………………………………（81）
  - 本章小結 …………………………………………………………………（91）
  - 本章習題 …………………………………………………………………（91）

- 5 電子商務網站建設與相關技術 ………………………………………（94）
  - 5.1 電子商務網站概述 …………………………………………………（94）
  - 5.2 電子商務技術基礎 …………………………………………………（95）
  - 5.3 電子商務網站建設 …………………………………………………（103）
  - 本章小結 …………………………………………………………………（116）
  - 本章習題 …………………………………………………………………（117）

- 6 電子商務物流管理 ……………………………………………………（120）
  - 6.1 物流概述 ……………………………………………………………（120）
  - 6.2 電子商務物流管理 …………………………………………………（126）
  - 6.3 中國電子商務物流現狀與對策 ……………………………………（137）
  - 本章小結 …………………………………………………………………（139）
  - 本章習題 …………………………………………………………………（140）

- 7 電子政務 ………………………………………………………………（144）
  - 7.1 電子政務概念 ………………………………………………………（144）
  - 7.2 電子政務的發展歷程 ………………………………………………（146）

  7.3 電子政務的應用 ·· (149)
  7.4 中國電子政務的現狀 ·· (149)
  7.5 國外電子政務的現狀 ·· (158)
  本章小結 ·· (161)
  本章習題 ·· (162)

■ 8 電子商務的法律和稅收問題 ·· (166)
  8.1 電子商務的法律問題 ·· (166)
  8.2 電子商務的稅收問題 ·· (180)
  本章小結 ·· (186)
  本章習題 ·· (187)

■ 9 新興電子商務模式 ·· (190)
  9.1 移動商務概況 ·· (190)
  9.2 移動商務服務內容 ·· (191)
  9.3 移動商務存在的問題與發展展望 ···································· (192)
  本章小結 ·· (193)
  本章習題 ·· (193)

■ 部分參考答案 ·· (195)
■ 參考文獻 ·· (197)
■ 後記 ·· (198)

1 導論

1.1 什麼是電子商務

1.1.1 引入：日常生活中的電子商務

隨著電子商務在中國的不斷發展，日常生活中的很多方面都可以借助電子商務完成。下面舉例介紹日常生活中的電子商務。

實例一：國航網上訂票業務

到外地出差或節假日旅遊，如果要搭乘中國國際航空公司航班的乘客不必親自到航空售票處購票，可以訪問中國國際航空公司網站（http：//www.airchina.com.cn），按提示填表預定自己所要搭乘的航班，選擇支付方式進行網上支付（如圖 1.1 所示）。乘客憑有效證件和取票代號在機場取票登機。

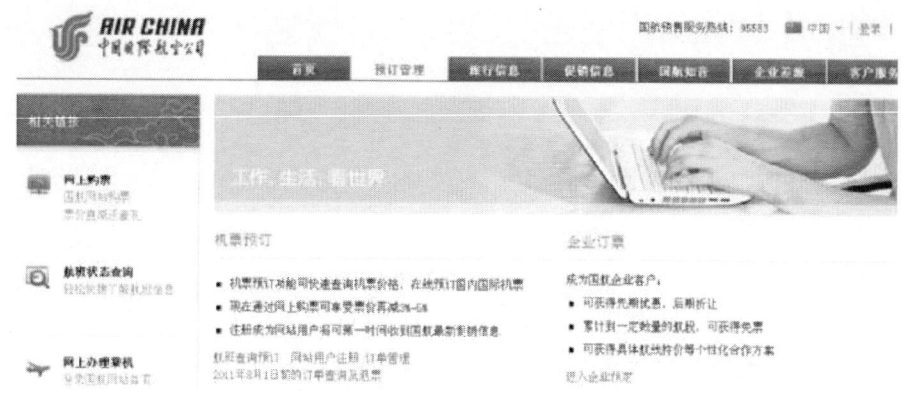

圖 1.1　中國國際航空公司網站

實例二：當當網上書城的購書業務

購書者可以到當當網上書城（http：//www.dangdang.com）選購圖書（如圖 1.2 所示）。將自己喜歡的圖書放入購物車，然後點擊下訂單，選擇送貨方式與付款方式（當當的支付方式比較靈活：可貨到付款也可網上支付），讀者就可以在當當網站承諾的快遞時間內收到自己喜歡的圖書。

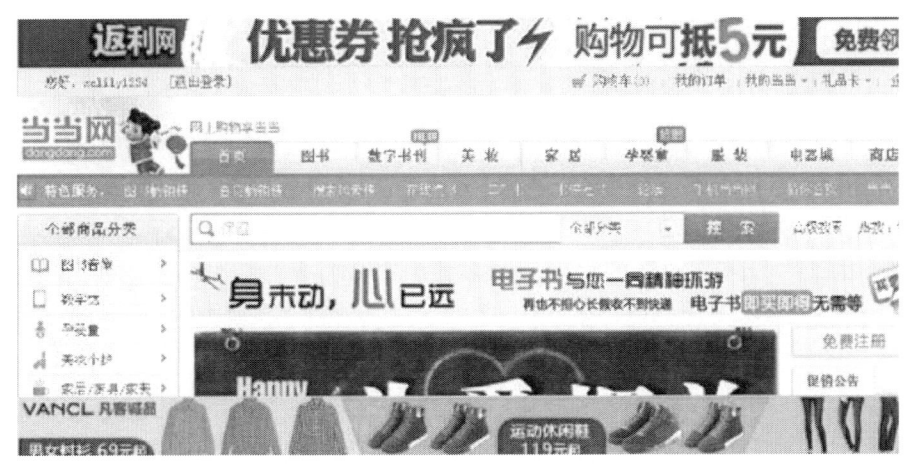

圖1.2　當當網上書城

實例三：網上金融業務

顧客可以在網上進行保險、證券和基金等金融業務交易。如消費者需購買保險，可以訪問中國平安保險股份有限公司的網站（http://www.pingan.com），進行網上投保業務，省去在保險公司窗口排隊辦理的麻煩（如圖1.3所示）。消費者還可以通過平安證券頻道辦理股東帳戶的網上開戶，在自己家中或辦公室裡進行網上股票交易業務。

網上基金交易也可以通過銀行的網上基金交易平臺進行，如工商銀行的網上基金交易平臺。

圖1.3　中國平安保險股份有限公司網站

3

實例四：網上銀行

目前，國內各大銀行都開通了網上銀行，客戶足不出戶就可以辦理帳務查詢、代交費、信息諮詢、銀證轉帳、個人理財等多種業務，特別是辦理數額較大的資金存取與轉帳，既方便，又安全。圖 1.4 是工商銀行個人網上銀行（https://mybank.icbc.com.cn/icbc/perbank/index.jsp）頁面。

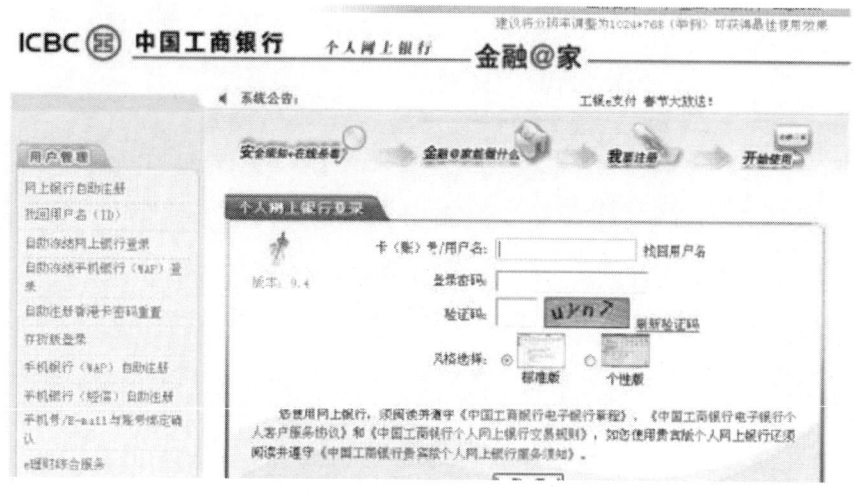

圖 1.4　工商銀行個人網上銀行

實例五：網上農副產品交易

中國農副產品交易市場網站（http://www.caspm.com）有最新的農業動態、最快的農業信息報導，並且提供農副產品供需雙方信息交流和網上簽訂合同（如圖 1.5 所示）。

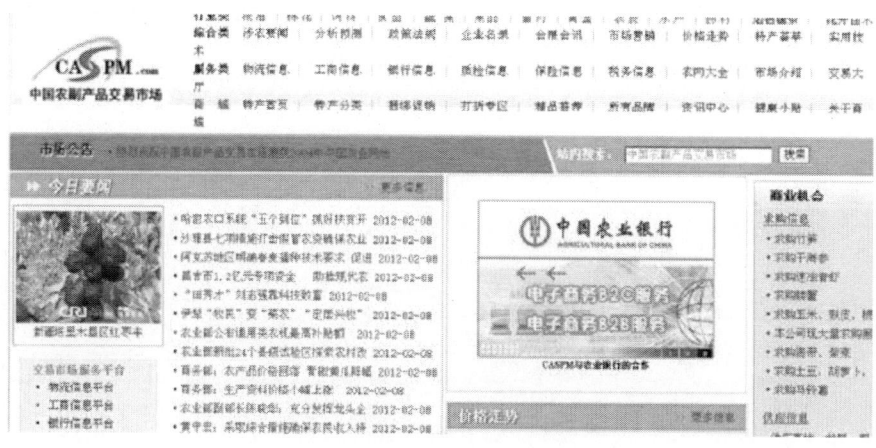

圖 1.5　中國農副產品交易市場網站

實例六：網路鐘點工

網路鐘點工是指在網路上受雇於雇主的一種非全日工作制的用工形式。網友一般以分鐘、小時等為單位出售自己的時間為別人做事，收取報酬。這種「網路鐘點工」通常是雇主在網路上付費，雇傭「網路鐘點工」為自己做事，比如送花、買火車票、接人、送飯、臨時看管小孩、陪人聊天等合法工作。網路鐘點工的典型廣告詞為：為您服務，代做你需要的且合法的一切事情，以誠信求生存，只有你想不到，沒有我做不到。

網路鐘點工的業務範圍很廣，包括農場代摘種、卡丁車陪跑（如6元/小時）、電影和電視劇下載（如1.0元/集）、網路代寫博客、代掛QQ或旺旺等、踩空間、網路秘書、QQ升級和搶車位等。

新聞事件：網路鐘點工出售時間受年輕人歡迎

說起鐘點工，你可能很熟悉。但說起網路鐘點工，可能很多人都不知道他們是干啥的。

據記者瞭解，「網路鐘點工」多半是賦閒在家或有較多的空余時間，因而萌發出將自己的「剩余時間」以分鐘、小時等單位出售的念頭，為別人效勞並收取報酬。他們有的是專職的，有的是兼職。昨天，記者就採訪了幾位這新興行業裡的弄潮兒。

「也許您繁忙的工作需要我的分擔，也許您的心事需要我的傾聽……作為網路鐘點工，我願意用我熱情的態度、誠信的服務、低廉的價格來滿足您最大的要求。服務項目：文字錄入、搜集資料、歌曲下載、圖片上傳、網上選物或網上聊天。每小時標價6元，服務時間請提前一天預約，工作時間不滿一小時按一小時計算。」後面還附有電話號碼和QQ號。近段時間，有的購物網站上出現不少這樣的店主，他們網上接受訂單，並提供相應服務，售賣的是自己的時間。拍下時間的買家可以要求對方在某時間內為自己打理網店、聊天或者做一些簡單的文字工作。由於這些工作及交易行為是通過網路進行，所以這些賣家被網民們稱為「網路鐘點工」。

蔣欣就是個典型的「網路鐘點工」，大學放假後，他每天無所事事，因此就想到網上賺外快——註冊個網店，做起了網路鐘點工。「我的業務範圍比較寬泛，除了文字錄入、搜集資料、歌曲下載、還能代掛QQ、幫忙寫博客、踩空間等，只要是在網上能完成的，一般我都可以接單。當然，如果陪客戶聊天，消遣時光，也未嘗不可。」蔣欣告訴記者，有的時候他還會接到一些年輕辦公室一族的求助，這種業務往往更容易來錢。

「現在很多年輕人喜歡玩農場游戲，怕自己的菜被人偷了，所以請我去農場『盯梢』，這種活兒只要在網上閒逛時多個心眼就行了，賺錢挺容易的。」他說，最多的時候一個月能賺3,000多元錢。

據蔣欣介紹，雖然自己的工作看起來技術含量並不高，收費也相對低廉，但要得到他的服務，還得提前預約。「收費一般 10 分鐘 1 元錢，半小時 3 元錢，30 分鐘以上 1 小時不到按 1 小時計算，包天、包月、包年，價錢可優惠。」據記者瞭解，目前和蔣欣一樣有共同愛好的人不在少數，多半是學生和年輕的辦公室一族。而操作的過程也不難，大抵和上淘寶購物一樣。如果你也想嘗試做做「網路鐘點工」，那也不妨按照蔣欣的模式學一學。

　　怎樣才能做網路鐘點工？蔣欣說了他的幾點經驗：①註冊一個屬於自己的網店。②在「我是賣家」中發布「網路鐘點工」的信息。③在「寶貝描述」中詳細寫明自己可以提供的服務類型，例如：網路聊天、文字錄入、做資料表格等。④當顧客到來時，通過淘寶旺旺和顧客直接溝通，明確需要服務的內容和最終需要達到的效果，並保留聊天記錄，以便以後查證。⑤等待對方付款到支付寶後，開始服務。⑥服務完畢後，通過支付寶完成最後的交易和評價。

（資料來源：新民網）

　　以上就是現實生活中的電子商務，可以看出，電子商務是借助於計算機網路進行的交易活動，它打破了時空界限，給交易雙方帶來了方便和好處。從企業的角度來看，可以更迅捷地完成各種商業貿易、銷售及採購等商務活動，降低經營成本，增加商業價值，並創造新的商機，為企業活動帶來重大變革，從而推動企業的發展；從消費者的角度來看，足不出戶能夠 24 小時在線查詢獲取有關商品的詳細信息，點擊鼠標即可進行購物、付款、享受快遞送貨到家的服務，輕鬆完成消費。

1.1.2　電子商務的產生

1.1.2.1　傳統商務發展的局限

　　傳統商務的勞動工具往往是低效率和昂貴的，且傳統商務活動大部分為面對面直接交易，耗費時間長，成本高，服務質量不高，市場局限性大。尤其是在傳統商務的發展過程中，商品的供求關係從供不應求發展到供大於求，尋求更廣闊的市場就成為必然。

　　因此，尋求一種高效率而低成本的新的商務工具和商務方式成為了傳統商務發展過程中的必然趨勢。

1.1.2.2　信息技術的發展和進步

　　隨著信息技術的發展，通信技術、計算機技術和互聯網技術不斷更新和進步，到 20 世紀 90 年代，信息技術的發展和進步推動產生了網路經濟，從而實現了傳統商務向電子商務的跨越式發展。

新聞事件：華裔高錕獲物理諾貝爾獎

2009 年諾貝爾物理學獎由高錕（Charles Kao）、韋拉德·博伊爾（Willard Boyle）和喬治·史密斯（George Smith）三人分享，他們將分享 1,000 萬瑞典克朗（約合 140 萬美元）的獎金。其中高錕獲得一半的獎金，另外兩名獲獎者平分剩余的獎金。

高錕於 1933 年 11 月 4 日生於中國上海金山，曾任香港中文大學校長，並在英國標準通信實驗室從事科研。高錕在 1964 年提出在電話網路中以光代替電流，以玻璃纖維代替導線。1966 年，他在標準電話實驗室與何克漢共同提出光纖可以用作通信媒介。

「光纖之父」高錕發明的光纖電纜是 20 世紀最重要的發明之一。光纖電纜以玻璃作介質代替銅，使一根頭發般細小的光纖，其傳輸的信息量相等於一條飯桌般粗大的銅「線」。它徹底改變了人類通信的模式，為目前的信息高速公路奠定了基礎，使「用一條電話線傳送一套電影」的幻想成為現實。

1966 年，高錕提出了用玻璃代替銅線的大膽設想：利用玻璃清澈、透明的性質，使用光來傳送信號。對這個設想，許多人都認為匪夷所思，甚至認為高錕是瘋子，神經有問題。但高錕成功論證了光導纖維的可行性。不過，他為尋找那種「沒有雜質的玻璃」也費盡周折。為此，他遭受到許多嘲笑，說世界上並不存在沒有雜質的玻璃。但高錕說：所有的科學家都應該固執，都要覺得自己是對的，否則不會成功。

後來，他發明了石英玻璃，製造出世界上第一根光導纖維，使科學界大為震驚。

高錕的發明使信息高速公路在全球迅猛發展，這是他始料不及的。他因此獲得了巨大的世界性聲譽，被冠以「光纖之父」的稱號。高錕成功後幾乎每年都獲得國際性大獎，但由於專利權是屬於所在的英國公司的，他並沒有從中得到多少財富。高錕倒是以一種近乎老莊哲學的態度說：「我的發明確有成就，是我的運氣，我應該心滿意足了。」

（資料來源：zlcn 網）

1.1.3　電子商務的概念

為了理解電子商務這個概念，首先要瞭解商務活動的定義。

1.1.3.1　商務活動

一般來說，商務活動是涉及買賣商品的事務。一切買賣商品和為買賣商品服務的相關活動都是商務活動，顯然，購物、廣告等活動都是商務活動的範疇。商務活動具有盈利性的特點，是以盈利為目的的市場經濟活動。

1.1.3.2　電子商務

電子商務是由電腦連線的電子化方式的商務活動，即在網上開展的商務活動。電子商務活動既然是商務活動，顯然也應該是以盈利為目的的市場經濟活動。電子政務不以盈利為目的，但因為具有電子化方式的特點，因此，也可以當做一種特殊類型的

電子商務。

　　簡單來說，電子商務泛指通過電子手段進行的商業貿易活動。電子商務這個概念是從美國起源的，其英文名稱為 Electronic Commerce（EC），有時也稱為 Electronic Business（EB）。由於電子商務涵蓋的範圍很廣，國內外尚無統一的定義。不同國家的組織、學者和研究機構對電子商務的定義不一樣，下面列舉幾個國內外常見的定義：

　　（1）國內學者的定義。電子商務就是在網上開展商務活動。當企業將它的主要業務通過企業內部網（Intranet）、企業外部網（Extranet）以及互聯網（Internet）與企業的職員、客戶、供銷商以及合作夥伴直接相連時，其中發生的各種活動就是電子商務。①

　　（2）國外學者的定義。The term electronic commerce is used in its broadest sense and includes all business activities that use Internet technologies. Internet technologies includes the Internet, the World Wide Web, and other technologies such as wireless transmissions on mobile telephones or a personal digital assistant（PDA）.②（筆者譯：電子商務這個術語包括所有利用互聯網技術進行的商務活動。互聯網技術包括萬維網以及其他技術，比如移動電話的無線傳輸技術以及個人數字助理技術等。）

　　（3）國際標準化組織（ISO）關於電子商務的定義。電子商務（EB）是企業之間、企業與消費者之間信息內容與需求交換的一種通用術語。

　　（4）IBM 公司對電子商務的定義。電子商務（EB）是「網路計算」技術在各種企業、機構的相關關鍵業務中的具體應用體現。

　　（5）加拿大電子商務協會對電子商務的定義。電子商務是通過數字通信進行商品和服務的買賣以及資金的轉帳，它還包括公司間和公司內利用電子郵件（E‐mail）、電子數據交換（EDI）、文件傳輸、傳真、電視會議、遠程計算機聯網所能實現的全部功能（如：市場營銷、金融結算、銷售以及商務談判等）。

　　（6）惠普公司（HP）對電子商務的定義。電子商務（EC）是通過電子化手段來完成商業貿易活動的一種方式，電子商務使我們能夠以電子交易為手段完成物品和服務等價值的交換，是商家和客戶之間的聯結紐帶。

　　（7）通用電氣公司（GE）對電子商務的定義。電子商務（EC）是指通過電子數據交換以進行商業交易。

1.1.4　電子商務的發展階段

　　電子商務的發展可以大致分為兩個主要階段：20 世紀 90 年代中期到 2000 年為第

---

① 邵兵家. 電子商務概論［M］. 北京：高等教育出版社，2006：28.
② 加里·P. 施奈德. 電子商務（英文版）［M］. 北京：機械工業出版社，2006：5.

一個階段，從 2003 年開始為第二個階段。兩個階段我們分別稱為電子商務的第一波和第二波。[①]

電子商務的第一波中，很多互聯網企業開始創立，由於電子商務起源於美國，因此第一波的電子商務網站以英語為主，2000 年至 2003 年之間，網路泡沫破滅，大量的互聯網企業倒閉、破產，電子商務的第一波結束。從 2003 年開始，互聯網經濟復甦，很多新的互聯網企業開始創立，與從電子商務第一波幸存下來的企業一道進入電子商務的第二波。第二波的電子商務網站的主體不僅有美國人還有其他國家的人參與，因此，第二波中的電子商務網站的語言除了英語，還有其他國家語言版本的網站。比較電子商務的這兩個發展階段，除了所處的時間階段和網站的主要語言類型不同之外，最大的區別就在於電子商務的第一波處於電子商務的最初發展階段，受所需信息技術的限制，一般採用撥號上網方式，其網速比較慢，而電子商務的第二波中，出現了寬帶上網，大大提高了網速，使得電子商務第二波的效率更高。

1.1.5 電子商務的實質和內容

可見，國內外各界對電子商務的定義並沒有統一，而是從不同角度和立場加以概括。但在不同的定義中，電子技術和商務活動是電子商務必不可少的兩個要素。可以說，電子商務就是通過互聯網技術推動的買賣雙方進行的跨時空商業交易活動，顯然，為該交易活動過程服務的所有環節都應該包括在電子商務的範圍之內，如廣告等。因此，電子商務不僅僅只是商品或勞務通過網路進行的買賣活動，還涉及傳統市場的方方面面。企業除了可以在網路上尋求消費者，還可以通過計算機網路與供應商、財會人員、結算服務機構、政府機構建立業務聯繫。從事在線銷售活動的企業，以及通過網路連接的貿易夥伴們，其從生產到消費的整個過程的商務活動方式會逐步產生重要的變化，進而會影響那些尚未從事電子商務的企業改變經營方式。這樣，電子商務使整個商務活動，包括產品生產製造、產品推廣促銷、交易磋商、合同訂立、產品分撥、物流配送、貨款結算、售後服務等一系列活動產生劃時代意義的變化。

1.2 電子商務的要素和特點

1.2.1 電子商務的要素

1.2.1.1 網路基礎環境——內聯網、外聯網、因特網

內聯網（Intranet）是指一個組織內部通過使用 Internet 技術實現通信和信息訪問的方式。Intranet 是企業內部商務活動的場所。「Intranet」是一個合成詞，「Intra」的

[①] 加里・P. 施奈德. 電子商務（英文影印版・第 7 版）[M]. 北京：機械工業出版社，2008.

意思是「內部的」,「net」是英文單詞「network」的縮寫,是指網路。因此,「Intranet」的含義就是「內部網」。由於它主要是指企業內部的計算機網路,所以也稱企業內部網。從原理上來說,Intranet 其實就是功能比較全面的局域網,只是在 Intranet 內部可以如同在 Internet 上一樣收發電子郵件、進行 Web 瀏覽。當然這些操作都只限在企業內部,並不能直接從 Internet 獲取信息。

外聯網(Extranet)是指一個公共網路連接了兩個或兩個以上的貿易合作夥伴,是一個用 Web 構建的商務系統,是企業對企業的 Web,是企業與企業、企業與個人進行商務活動的紐帶。它可以被看做是一個能被企業成員或合作企業訪問的企業 Intranet 的一部分,Extranet 是選擇性地對一些合作者或公眾開放的公共網路。

因特網(Internet),又叫做國際互聯網(以下簡稱互聯網),是指全球計算機網路的集合,是眾多網路的互聯、商務信息傳送的載體、電子商務的基礎。

1.2.1.2　電子商務用戶

(1)個人用戶。個人用戶通過使用瀏覽器、電視機頂盒、個人數字助理、可視電話等手段接入互聯網,購買商品,獲取信息和服務。在電子商務中,個人用戶被稱為 Customer(簡稱 C)。

(2)企業用戶。在電子商務中,企業用戶被稱為 Business(簡稱 B)。企業用戶通過建立企業內聯網、外部網、企業管理信息系統(MIS)與互聯網上的在線商店,對人、財、物、產、供、銷進行科學管理。企業可以利用其在線商店發布產品信息、接受訂單以及網上銷售等商務活動,還要借助電子報關、電子報稅、電子支付等系統與海關、稅務局、銀行等部門進行有關商務的處理活動。

1.2.1.3　認證中心

認證中心(CA)全稱為 Certificate Authority,它是受法律承認的權威機構,採用 PKI(Public Key Infrastructure)公開密鑰基礎架構技術,專門提供網路身分認證服務,負責簽發和管理電子證書,且具有權威性和公正性的第三方信任機構,其所負責簽發的電子證書是一個包含證書持有人個人信息、公開密鑰、證書序號、有效期、發證單位的電子簽名等內容的數字文件,就像網路世界的身分證,便於網上交易的各方能相互確認身分。

認證中心是電子商務交易安全的保障部門,是電子商務活動中不可或缺的一部分。電子商務是依靠網路進行的一種非面對面的商務活動,參與商務活動的雙方出於交易安全的考慮希望能夠確認對方的身分,身分識別是網上交易安全的首要問題,認證中心的產生正是迎合了這樣一種需要。

1.2.1.4　物流中心

物流中心接受商家的送貨要求,組織運送無法從網上直接得到的商品(實體商品),並在運送過程中跟蹤商品流向,確保快速安全地將商品送到買家手中。電子商

務交易的物流以第三方物流為主。物流是電子商務活動完成必不可少的一個環節，但並不是每個具體的電子商務交易都需要物流，虛擬商品等可以直接在網上傳遞的商品以及網路秘書等服務類型的商品交易都不需要物流。

1.2.1.5　網上銀行

網上銀行又稱網路銀行、在線銀行，有時又被稱為「3A 銀行」，因為它不受時空限制，能夠在任何時間（Anytime）任何地點（Anywhere）以任何方式（Anyway）為客戶提供金融服務。網上銀行指銀行利用互聯網技術，在互聯網上實現開戶、銷戶、查詢、對帳、行內轉帳、跨行轉帳、信貸、網上證券、投資理財等傳統銀行的業務，使客戶足不出戶就能夠安全便捷地享受 24 小時即時服務，並與信用卡公司或者第三方支付平臺合作，提供網上支付手段，為電子商務交易中的用戶和商家提供資金服務。

1.2.2　電子商務的特點

電子商務交易具有方便快捷、成本較低等眾多特點。概括起來，電子商務的特點主要表現在以下方面：

（1）普遍性。電子商務已經成為一種新型的交易方式，將企業、消費者和政府帶入了一個數字化生存的新天地。以中國為例，電器、理財產品、母嬰用品、金銀首飾等幾乎所有商品都可以在網上交易，網上保險、團購、在線醫療服務等已經進入我們的生活，淘寶網、阿里巴巴、當當網等也已經是個人和企業經常光顧的電子商務網站。網路的無處不在使得電子商務這種交易方式也具有了普遍性。

（2）方便快捷。在電子商務背景下，買賣雙方不受地域的限制，且能以非常簡捷的方式完成過去較為繁雜的商務活動，如通過網路銀行能夠全天候地查詢帳戶信息與進行資金轉帳，點點鼠標就能足不出戶地進行在線購物，在線支付後幾天之內可收到貨物。

（3）安全性要求高。電子商務交易中的安全性問題是一個至關重要的核心問題，它要求網路能提供一種端到端的安全解決方案，如加密機制、安全管理、存取控制、防火牆、病毒防護以及在線支付安全性等問題，這與傳統的商務活動有著很大的不同。電子商務交易中的安全性問題往往成為阻礙一個國家電子商務發展的瓶頸問題。

（4）協調具有複雜性。傳統商務活動一般只涉及買賣雙方，因此協調起來比較簡單，而電子商務交易中，協調過程較為複雜，因為電子商務交易涉及買賣雙方和為買賣雙方服務的其他方面，如物流、網上銀行、技術部門等。因此，電子商務交易要求銀行、配送中心、通信部門、技術服務等多個部門進行通力協作，以達成良好的協調。

（5）降低交易成本。

①降低搜索成本。互聯網上有充足的信息，只要坐在計算機前，便可以到世界各地的網站搜索信息，因此互聯網可以大幅降低交易成本中的搜索成本。

②降低協商成本和契約成本。由於互聯網可以讓生產者直接面對消費者，省掉常規多層次的經銷體系，因此交易過程中的協商成本和契約成本可以大幅降低。

③減少採購成本。企業通過互聯網能夠比較容易地找到價格最低的原材料供應商，從而降低交易成本；同時，由於減少了採購過程中的勞動力、印刷和郵寄等費用，也減少了採購成本。

④降低促銷成本。網上營銷擁有非常低廉的營銷費用，儘管建立和維護公司的網址需要一定的投資，但是與其他銷售渠道相比，使用國際互聯網大大地降低了成本。同時網上查詢節約了很多的廣告印刷費和電話諮詢費，而且還節省了發展新客戶的許多費用。

（6）市場廣大。互聯網的特點就是沒有邊界，整個世界通過互聯網聯通成一個網上平臺。企業通過自己在互聯網上建立的在線商城銷售產品，可使潛在顧客量大幅提高，最終擴大國內外市場。

（7）網路廣告種類繁多。電子商務時代網路廣告形式多樣，廣告受眾廣，覆蓋面大。網路廣告一般是利用網站上的橫幅（Banner 廣告）、文本連結、Flash 或者 GIF 動畫以及搜索引擎等在互聯網上刊登或發布廣告，並通過互聯網傳遞到互聯網瀏覽者的一種電子商務時代的廣告運作方式。網路廣告是實施現代營銷策略的一種重要方式。

1.3 電子商務的安全性和解決之道

前面介紹電子商務特點的時候已經提到，電子商務交易中的安全性問題是一個至關重要的核心問題，電子商務交易中的安全性問題往往成為阻礙一個國家電子商務發展的瓶頸問題。

1.3.1 安全性概述

下面這段話來自於一個網上買家在某論壇的發帖：

I am sorry but I can't compliment the current e - commerce in China for the dishonesty or even fraud. Twice I have bad shopping experience online. I think the best way to measure an e - commerce vendor should be its after sale service, but unfortunately I did not get that. After payment, I received goods in bad quality. I don't know why they still get a 4 or 5 stars rating online. Obviously I was cheated by that damned company or individual. I complained to them but got a negative response. I am very disappointed at the purchase online and it seems a nightmare for a long time. I will definitely never try that again and even more I doubt in China where the future of the e-commerce is. （很遺憾，由於存在著網上詐欺現象，我不能恭維當前中國的電子商務。我有兩次糟糕的網上購物經歷。我認為衡量電子商務賣家的最好方式就是其售後服務的好壞，但是，不幸的是我沒有得到良好的售後服務。在網上付款以後，我收到了質量很差的商品。我不知道為什麼該商家仍然得到了四星甚至五星的評級，顯然，我被這個賣家欺騙了，我向他們投訴反應這個問題，可他們並沒有積極地回覆我。我非常失望，這次購物經歷對我來講像一場噩夢。我肯定不會再嘗試網上購物了，我甚至懷疑中國電子商務的未來。）

從上面這段話可以看出這個買家對電子商務發展前景的悲觀情緒，雖然電子商務交易中的詐欺行為不具普遍性，但從中可以看出，網上交易對誠信要求非常高。一個新的網上賣家往往很難吸引客戶，因為其誠信度還有待考查。因此，網上交易時買家一般會根據賣家的交易歷史記錄考察其誠信度，誠信度高的賣家往往會得到更多買家的光顧，可見，網上交易中的馬太效應是很明顯的。

其實，電子商務的安全性包括兩方面：一方面就是上面提到的買賣雙方不誠信帶來的安全性問題，如網上黑店（收款不發貨或者發的貨質量有問題）或網上不誠信的買家（確認買貨後反悔）；另一方面就是網上支付的風險，如盜用個人信息、盜用銀行卡號和密碼（木馬病毒、黑客等）。

電子商務在中國的發展初期，由於其安全性問題一直沒得到解決，實際上還不是真正意義上的電子商務。當時中國電子商務一般採用網上洽談和定購、網下支付的方式進行，如網上保險交易，一般就是在網上瀏覽保險公司的險種，確定購買的險種後與保險公司業務人員進行電話聯繫，或者在網上留下訂單由保險公司與其聯繫，然後再由保險公司業務人員與其在網下見面簽保險合同和繳納保險費。

電子商務首先應該是安全的電子商務，一個沒有安全保障的電子商務環境是無真正的信任可言的，而要解決安全問題，就必須先從交易環節入手，徹底解決支付問題。

1.3.2　中國電子商務安全性的解決之道

1.3.2.1　解決盜用銀行卡號和密碼等問題——銀行的口令卡

銀行的口令卡相當於一種動態的電子銀行密碼。口令卡上以矩陣的形式印有若干字符串，客戶在使用電子銀行（包括網上銀行或電話銀行）進行對外轉帳、B2C購物、繳費等支付交易時，電子銀行系統就會隨機給出一組口令卡坐標，客戶根據坐標從卡片中找到口令組合併輸入電子銀行系統。只有當口令組合輸入正確時，客戶才能完成相關交易。這種口令組合是動態變化的，使用者每次使用時輸入的密碼都不一樣，交易結束後即失效，從而杜絕不法分子通過竊取客戶密碼盜竊資金，保障電子銀

行安全。

1.3.2.2 解決買家和賣家誠信問題——淘寶網推出的「支付寶」產品

「支付寶」於 2004 年 12 月推出。2005 年 2 月 2 日，阿里巴巴公司在北京宣布全面升級網路交易支付工具——「支付寶」。通過與工商銀行、建設銀行、農業銀行和招商銀行的聯手，阿里巴巴打造了中國特有的網上支付模式，長期困擾中國電子商務發展的安全支付瓶頸獲得實質性突破，並進入突飛猛進的發展高峰。「支付寶」是在鑒於中國市場環境的前提下推出的網上交易安全支付工具。「支付寶」給予交易雙方安全性保障，降低雙方成交風險。此外，阿里巴巴宣布「支付寶」推出「全額賠付」制度，對於使用「支付寶」而受騙遭受損失的用戶，支付寶將全部賠償其損失。「你敢用，我就敢賠」，主動全額賠付以保障用戶利益，在國內電子商務網站為首例。

1.4 電子商務的類型與典型企業

1.4.1 電子商務的類型

電子商務按不同的標準可分為不同類型，下面以兩個常見的標準對電子商務進行分類。

（1）按是否盈利劃分。廣義的電子商務是包括電子政務在內的，因此，按是否盈利為標準，電子商務可分為以盈利為目的的電子商務和不以盈利為目的的電子商務。前者就是一般的商業性電子商務網站，如淘寶網、當當網等。後者以電子政務網站為主，如中國的政務門戶網站。

（2）按電子商務的不同主體劃分。經濟活動的主體都是企業、個人（家庭）和政府。因此，電子商務活動中的主體包括企業（Business，簡稱 B）、消費者（Consumer，也稱 Customer；簡稱 C）和政府（Government，簡稱 G）。

按電子商務的不同主體可分為 B2B（Business to Business）、B2C（Business to Customer）、C2C（Customer to Customer）以及 G2G、G2B、G2C 和 E2E。B2B、B2C、C2C 這三類分別的代表性電子商務網站為阿里巴巴、當當網以及淘寶網。G2G、G2B、G2C 以及 E2E 是電子政務網站的四種不同類型[①]。

表 1.1 顯示了電子商務三大主體的九種交互關係，也就是說，電子商務三大主體兩兩交互，理論上有九種交互關係，但是實踐中主要是 B2B、B2C、C2C 三種電子商務類型，而 G2G、G2B、G2C 這三種是電子政務的類型，屬於非盈利電子商務，是政府的電子商務行為，主要包括政府採購、網上報關、報稅等。因此，實踐中常見的就是 B2B、B2C、C2C 三種電子商務類型。而在國外有些學者的研究中，有時只考慮

---

① 電子政務的內容見本書第七章。

B2B 和 B2C 這兩種主要的電子商務類型，因為他們認為 C2C 中的個人賣家在交易中的行為與企業賣家是相似的，因此把 C2C 歸入 B2C 這一電子商務類型中。

表 1.1　　　　　　　　　電子商務三大主體的九種交互關係

	企業（B）	消費者（C）	政府（G）
企業（B）	B to B	B to C	B to G
消費者（C）	C to B	C to C	C to G
政府（G）	G to B	G to C	G to G

1.4.2　不同類型的電子商務網站示例

1.4.2.1　B2B：阿里巴巴

阿里巴巴（如圖 1.6 所示）是中國最大的網路公司和世界第二大網路公司，它是由馬雲在 1999 年一手創立企業對企業（B2B）的網上貿易市場平臺，2003 年 5 月，投資 1 億元人民幣建立個人網上貿易市場平臺——淘寶網。2004 年 10 月，阿里巴巴投資成立支付寶公司，面向中國電子商務市場推出基於仲介的安全交易服務。阿里巴巴在中國香港成立公司總部、在杭州成立中國總部，並在海外設立美國硅谷、倫敦等分支機構、合資企業 3 家，在中國北京、上海、浙江、山東、江蘇、福建、廣東等地區設立分公司、辦事處 10 多家。2005 年 8 月，中國雅虎（中國雅虎是雅虎於 1999 年 9 月在中國開通的門戶搜索網站）由阿里巴巴集團全資收購。2010 年 12 月，阿里巴巴成功收購已經破產了的匯通快遞，進入物流行業。

圖 1.6　阿里巴巴網站

2011年6月16日，阿里巴巴集團宣布，淘寶公司將拆分為三個獨立的公司：沿襲原C2C業務的淘寶網、平臺型B2C電子商務服務商淘寶商城和一站式購物搜索引擎—淘網。2011年10月，聚劃算從淘寶網分拆，成為獨立平臺。2012年1月11日，淘寶商城正式更名為「天貓」。2014年2月，正式推出天貓國際，讓國際品牌直接向中國消費者銷售產品。2014年9月19日，阿里巴巴集團於紐約證券交易所正式掛牌上市。2014年10月，阿里巴巴集團關聯公司螞蟻金融服務集團（前稱「小微金融服務集團」）正式成立。同月，淘寶旅行成為獨立平臺並更名為「去啊」。

目前，阿里巴巴已經形成了一個通過自有電商平臺沉積和UC、高德地圖、企業微博等端口導流，圍繞電商核心業務及支撐電商體系的金融業務，以及配套的本地生活服務、健康醫療等，囊括遊戲、視頻、音樂等泛娛樂業務和智能終端業務的完整商業生態圈。這一商業生態圈的核心是數據及流量共享，基礎是營銷服務及雲服務，有效數據的整合抓手是支付寶。

1.4.2.2　C2C：淘寶網

2003年5月10日，淘寶網成立，由阿里巴巴集團投資創辦。10月推出第三方支付工具「支付寶」，以「擔保交易模式」使消費者對淘寶網上的交易產生信任。2003年全年成交總額3,400萬元。2004年，推出「淘寶旺旺」，將即時聊天工具和網路購物聯繫起來。2005年，淘寶網超越eBay（易趣）；5月，淘寶網超越日本雅虎，成為亞洲最大的網路購物平臺。2005年成交額破80億元，超越沃爾瑪。2006年，淘寶網成為亞洲最大購物網站。2009年，淘寶網已成為中國最大的綜合賣場，全年交易額達到2,083億元。2010年1月1日，淘寶網發布全新首頁，聚劃算上線，然後又推出一淘網。

2011年6月16日，淘寶公司分拆為三個獨立的公司，即淘寶網（taobao）、淘寶商城（tmall）和一淘網（etao）。2012年1月11日，淘寶商城正式宣布更名為「天貓」。2012年11月11日，淘寶加天貓平臺將網購單日記錄刷新為191億元。2015年11月11日，淘寶加天貓平臺全天交易額達912.17億元。[1]

截至2014年年底，淘寶網擁有註冊會員近5億，日活躍用戶超1.2億，在線商品數量達到10億，在C2C市場，淘寶網占95.1%的市場份額。淘寶網在手機端的發展勢頭迅猛，據易觀2014年最新發布的手機購物報告數字，手機淘寶加天貓的市場份額達到85.1%。隨著淘寶網規模的擴大和用戶數量的增加，淘寶也從單一的C2C網路集市變成了包括C2C、分銷、拍賣、直供、眾籌、定制等多種電子商務模式在內的綜合性零售商圈（如圖1.7所示）。

---

[1] 數據來源：人民網 - IT頻道。

圖 1.7　淘寶網

1.4.2.3　B2C：當當網

當當網是北京當當網信息技術有限公司營運的一家中文購物網站，總部設在北京。當當網於 1999 年 11 月開通，目前是全球最大的中文網上圖書音像商城。美國時間 2010 年 12 月 8 日，當當網在紐約證券交易所正式掛牌上市，成為中國第一家完全基於線上業務、在美國上市的 B2C 網上商城。2014 年 10 月 20 日，當當網宣布更名「當當」，刪除了非關鍵字「網」，同時推出了一對紅色的圓形鈴鐺作為新 LOGO（如圖 1.8 所示）。2013 年 4 月，根據中國 IT 研究中心的《電子商務網路品牌研究調查報告》顯示，當當在「整體情況、用戶關注、媒體傳播、負面指標、流量指標」五個重要指標環節調查中，甩開國內 30 多家電子商務網路商家，名獲「中國電商前三甲品牌」。

當當物流經過 8 年的發展，已經具有了多種特色的物流服務，「自建倉儲，第三方配送」為主的物流模式使送貨速度明顯提升，減少了運輸時間，使用戶體驗得到極大提升。截至 2014 年 12 月，當當在全國 600 個城市實現「11.1 全天達」，在 1,200 多個區縣實現了次日達；並實現 21 省貨到付款覆蓋；訂單處理時間僅 25 小時；同時，當當在全國 2,856 個區縣中有 1,700 個已實現上門退款服務。而在 2015 年，這一範圍進一步擴大。當當網在一定程度上幫助推動了銀行網上支付服務、郵政、速遞等服務行業的迅速發展。

據 2015 年 1 月 13 日當當發布的《2014 當當中國圖書消費報告》顯示：2014 年全國人民在當當平臺的圖書消費量高達 3.3 億冊，隨著智能手機的普及，移動端購書比例顯著上升，從年初的 10% 上升至 12 月的 30%。2014 年，當當電子書下載冊數（含雲書架）接近 6,000 萬冊，占據圖書銷量的 20%，高於去年的 10%，月活躍用戶增長 400%。目前，當當圖書品類占據了線上市場份額的 50% 以上，當當的圖書訂單轉化率高達 25%，遠遠高於行業平均的 7%。除了圖書和音像商品的在線銷售外，當

當還兼營小家電、玩具、家居百貨、化妝品、數碼、服裝及母嬰等幾十個大類等其他商品的銷售。2013 年百貨零售業務已經成為當當的戰略重心。面對 2012 年電商嚴酷價格戰的情形，當當百貨服裝等自營＋平臺全年 95％ 增速，超過了圖書的成交額，某些品類如服裝、孕嬰家紡異軍突起，增速有的達到 10 倍，標誌當當向著聚焦於幾個核心品類的綜合購物中心轉型成功。①

圖 1.8　當當網

1.5　適合電子商務交易的商品類型

電子商務雖然有很多優於傳統商務的特點，但是，不是所有商品都適合電子商務方式買賣的，也就是說，適合電子商務方式買賣的商品應該具備一定的特點。本小節就來歸納適合電子商務方式交易的特點。

1.5.1　適合電子商務交易的商品

從我們作為在線購物買方的購物經驗可以知道，直接通過網路可以傳遞的虛擬商品非常適合電子商務方式交易，比如在網上購買電子雜誌，這類商品在網上交易甚至不需要物流環節。標準商品（如書、CD 等）也很適合電子商務交易方式，購買這類商品時，買方只需要在誠信度比較高的網站上選擇商品並確定價格，不需要像服裝類商品要擔心大小和樣式。而易腐爛易損壞的商品就不太適合電子商務方式交易，比如豆腐就更適合線下交易。此外，買方購買鑽石珠寶等遠程鑑別存在困難的高價值商品，也不太適合電子商務，除非買賣雙方都建立在很強的信任感的基礎上。此外，價

---

①　資料來源：中國新聞網、速途網。

格比較低的商品，比如一元錢的打火機就不適合在網上購買，因為加上運費後成本過高。當然，如果需要立即使用某個自己正好沒有的商品，則此類商品也不適合電子商務交易，比如，晚上臨睡前發現家裡沒有牙膏了，你是在淘寶網上購買還是會立刻下樓去樓下小店購買呢，一般人都會選擇後者吧。

因此，歸納起來，適合電子商務方式交易的商品包括書、CD 以及可以在網上傳遞的軟件等。適合傳統商務的商品包括需要立即使用的商品、低價格的商品交易（如商品總價相對運費要低很多）、易腐爛變質的食品等。

而有一些類型的交易則適合傳統商務和電子商務相結合，比如二手汽車買賣、房屋買賣等，這一類交易的特點是可以在線發布和搜集信息，但需要線下驗貨和交易。

1.5.2　實踐中進行電子商務交易的商品和服務

以上我們總結了適合電子商務交易的商品類型，從中可知，有的商品是不適合電子商務方式交易的。但在實踐中，網上交易的商品無奇不有，雖然有一些理論上不適合在網上交易的商品，但在實踐中可以看到，仍然有很多前面總結的不適合網上交易的商品在網上交易。如圖 1.9 所示，肉夾饃（真空包裝）可以在淘寶網上買到，從成交記錄可以看到，有很多人購買價格比運費還低的這種商品（5.5 元一個，運費 10 元），而且只買一個。

圖 1.9　網上肉夾饃交易及成交記錄

可見，我們說理論上有一些類型的商品不適合電子商務交易，但實際上在網上可以購買到形形色色的商品，可以說，只要有需求就有商機。

2010 年春晚結束後，春晚小品《一句話的事》中主角所穿的衣服和手機飾品就在網上開始售賣了，如圖 1.10 所示。

此外，還有一些特殊類型的商品和服務可以在網上交易，比如近年興起的網路鐘點工。可見，網上交易涵蓋的商品和服務類型五花八門，無奇不有，隨著信息技術和社會的發展以及文化的多元化，適合電子商務交易的商品和服務類型會更加豐富。

圖 1.10　春晚小品主角的手機飾品網上交易信息

1.6　電子商務的國際特性

　　互聯網（電子商務）使企業業務能夠在全球環境中運轉。但在企業用電子商務方式以求獲得更大的發展的過程中，面臨以下幾個問題：信任、文化、語言等。

1.6.1　電子商務的信任問題

　　互聯網的無國界性使開展任何電子商務的公司立刻變成了一家國際化的公司，提供了全球經營的網路條件。公司如何在全球顧客面前建立自己的信用呢？「在互聯網上，沒人知道你是一條狗。」（如圖 1.11 所示）這句話告訴我們，客戶會時常懷疑賣方的誠信度，尤其是新接觸的賣家。電子商務只有在買賣雙方的信任度完全建立的基礎上才能成功。

圖 1.11　「在互聯網上沒人知道你是一條狗」[①]

[①] Peter Steiner's cartoon, as published in The New Yorker。

1.6.2 電子商務的語言問題

顧客更可能（願意）從自己母語的網站上購買商品和服務，因此，企業網站應盡量採用當地母語，方便顧客瀏覽和增強顧客的親切感。國際化企業一般都會提供「多語言版本」的網站，供銷售地當地顧客挑選適合自己瀏覽的語言版本的網站。網站的翻譯也經常被稱為網站的「本地化」。

可見，企業用電子商務方式以求得全球化的更大的市場時，一定要向它的新的潛力市場顧客提供其本地語言版本的服務網站。

1.6.3 電子商務的文化問題

語言與風俗的組合常被稱為「文化」。不同民族、不同地域的顧客消費習慣不同，如有的喜歡成箱買葡萄酒（美國），有的喜歡買單瓶（日本），有的國家對有關女性信息管制嚴格（阿拉伯國家），有的則較松（美國）等。因此，不同國家有不同的文化，電子商務網站在進行全球化營銷時，也要注意企業網站內容符合當地的文化。

例如，以肯德基為代表的外資企業每逢中國春節都會製作年味濃鬱的廣告以迎合中國人喜迎新春的文化傳統，其中文網站也一定會考慮中國顧客的風俗，在中國傳統節日來臨時會對其網站進行改版，或將主色調換為表達喜慶的紅色，或將 LOGO 作一些變化以迎合中國顧客的心理需求。

因此，企業用電子商務方式以求得全球化的更大的市場時，其網站內容與風格要盡量迎合新的潛在市場顧客所在國的文化和風俗習慣。

1.6.4 電子商務的基礎設施問題

互聯網基礎設施建設（計算機普及度、軟件的應用、信息網路的發展、網路帶寬、上網費用等）極大地影響電子商務的發展。因此，企業如果要借助電子商務方式拓展某國市場時，一定要考查該國的電子商務基礎設施是否完善，是否有足夠多的潛在顧客能夠訪問企業的網站。[1]

在電子商務的發展過程中，以上信任、文化、語言和基礎設施等問題使其國際化的步伐受到制約，企業業務的全球化運轉也因此受到影響。因此，企業在考慮其電子商務業務的時候要結合以上幾方面來進行市場拓展並調整其營銷策略。

---

[1] 資料來源：加里・P. 施奈德. 電子商務（英文影印版・第 7 版）[M]. 北京：機械工業出版社，2008.

1.7　電子商務與公共知識[①]

1.7.1　基本概念

　　公共知識（Common Knowledge）概念最早由美國邏輯學家 D. Lewis 提出，經邏輯學家 J. Hintika 以及博弈論專家 R. Aumann 等人的發展，今天已經成為邏輯學、博弈論、人工智能等學科里頻繁使用的一個概念。

　　假定一個人群只有兩個人 A、B 構成，A、B 均知道一件命題 p，p 是 A、B 的知識，但此時 p 還不是他們的公共知識。當 A、B 雙方均知道對方知道 p，並且他們各自都知道對方知道自己知道 p，且他們各自都知道對方知道自己知道對方知道 p……這是一個無窮的過程，此時就可以說，p 成了 A、B 之間的公共知識。

　　公共知識的定義：如果 p 是 n 人組成的群體 G 的公共知識，也就是說，群體中的每個人都知道 p，並且群體中的每一個人知道其他人也知道 p，並且群體中的每一個人知道其他人知道每個其他人也知道 p……

　　在現實生活中，歷史、教育、道德、習俗等在社會這個大群體中已形成公共知識。比如，在春節等節日，大家會不約而同地與家人團聚，人們開車都會沿著同一邊行駛來避免交通堵塞，每個人自覺按不同性別進入男女廁所……如果前面這些不是公共知識，社會將會陷入混亂：女性上廁所都擔心遇到男性，因為她們知道自己應該進女廁所，但她們怕有的男性不知道自己應該上男廁所；司機開車時也很有心理負擔，他們怕有的司機不知道要靠右行駛；公車上讓座也不會形成風氣，因為自己讓座怕被不知道應該給老人讓座的其他年輕人搶去……戀愛中的男女兩情相悅，雙方都知道我的心裡只有你沒有他（她），這也是一種公共知識，因為情侶雙方都知道，雙方都知道對方知道，兩人都知道對方知道自己知道，根本不需要語言來傳達。在皇帝的新裝的童話裡的那個天真無邪的孩子，說出的是大家都知道的事，卻把原本每人都知道的事變成了公共知識。

　　可見，理想的社會就是把真、善、美、助人為樂、好人好事都當做公共知識。

1.7.2　網路與電子商務環境中的公共知識

1.7.2.1　公共知識一：可上網查驗文憑

　　2000 年以前，社會上有很多不法分子把製作假文憑作為生財之道，大肆製造和販賣高校文憑，導致社會上假文憑泛濫，這對高學歷人才和用人單位造成不良影響，

[①] 該小節的內容參考了馬法堯於 2014 年在《經濟研究導刊》發表的文章《基於博弈論公共知識的電子商務誠信問題研究》。

同時也影響了中國高等教育的信譽和權威。為了從根本上杜絕假文憑，保護廣大高校師生和用人單位的合法權益，教育部於 2001 年開始實行高等教育學歷證書電子註冊制度，並授權清華同方股份有限公司的中國大學生網站公開發布 2001 年全國高校畢業生學歷證書 216 萬份，供社會免費查詢。目前提供學歷查詢的還有中國高等教育學生信息網（http://www.chsi.com.cn）等網站。

當網上可查文憑這一信息成為全社會的公共知識後，每個人都知道網上可以查到文憑的真假，即製作假文憑的不法分子知道，用人單位知道，高校師生知道，全社會每個人都知道，且每個人都知道別人知道這一信息，並且每個人都知道別人知道自己知道這一信息……這一過程的結果就是，假文憑很難再有市場，高校的假文憑泛濫現象得到遏止。

1.7.2.2 公共知識二：可上網查學術文章

中國的互聯網發展歷史很短，2000 年左右才有了中文的學術期刊網，也正是從那時候起，CNKI、萬方等學術期刊網開始成為了學者們教學和科研的學術參考平臺。某些人在學術方面剽竊他人研究成果，敗壞學術風氣，阻礙學術進步，違背科學精神與道德，給科學和教育事業帶來嚴重的負面影響，極大損害了學術形象。

當可以上網查學術文章這一信息成為了全社會的公共知識以後，大家都不再心存僥幸進行學術抄襲，因為這很容易被揭發出來，因此，在一定程度上制約了學術抄襲現象。

1.7.2.3 公共知識三：網上購物價格比較便宜

在網上購物，如淘寶購物，一般都比實體店便宜，這也是網店吸引網上買家的最主要原因。當然，方便快捷、可提供個性化服務等也是網上買家光顧網店的重要原因。

當網上購物價格比較便宜這個信息成為公共知識以後，網上賣家知道自己在網上銷售的商品價格應該比實體店更便宜，買家也知道網上銷售的商品價格應該比較便宜，賣家知道買家知道其在網上銷售的商品價格應該比較便宜，買家知道賣家知道自己在網上銷售的商品價格應該便宜些……所有買家和賣家都知道網上買賣商品的價格應該便宜些，他們也都知道其他所有人知道，他們也都知道其他人知道他們自己知道……這一過程的結果就是，所有網店賣家不會在網上標很高的商品價格，因為標高價會賣不出去，而所有買家在網上購物時也不會殺價，因為網上銷售的商品標價已經夠優惠的了。於是網上交易可以很容易地以買賣雙方都滿意的比實體店更便宜的價格成交。

1.7.2.4 公共知識四：網上交易誠信記錄是公開的

網上交易詐欺現象時有發生，建立網上交易誠信環境杜絕網上詐欺是推進電子商務健康發展的關鍵。目前，有很多網站的在線交易，其交易記錄是可以被其他人查看

的，也就是說，交易的歷史記錄、交易的雙方評價以及交易雙方的誠信等級都是公開的。

當網上交易的誠信記錄是公開的這一信息成為公共知識後，為了使自己今後的交易不受影響，買賣雙方會珍視自己的交易誠信記錄，網上交易的誠信度提高，網上詐欺現象減少。

可見，當網上交易的誠信記錄完全公開，網上交易的信用記錄成為全社會的公共知識以後，網上交易的誠信度會相應自動提高。

1.7.3 基於公共知識的電子商務誠信問題自解決機制

中國信用體系還不夠健全，相關的法律法規以及懲罰機制也不夠完善，而電子商務交易對買賣雙方的誠信要求非常高，在這一背景下，只要各電子商務交易平臺或者獨立的第三方機構能夠將電子商務交易各方的交易歷史記錄進行歸納和總結，得到交易各方的誠信等級或誠信評價，或者將交易各方相互的誠信評價進行歸納總結並認證，在此基礎上提供公眾查詢渠道，使之成為公共知識，這樣，就可以做到在現階段中國信用體系還不夠健全的背景下較小成本地保證電子商務交易的誠信最大化。

網上交易時基於公共知識的電子商務交易誠信問題自解決機制如圖1.12所示。

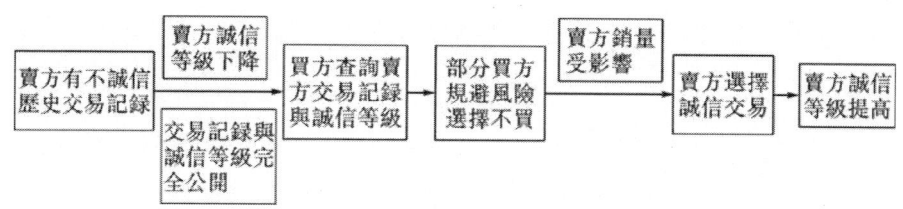

圖1.12　基於公共知識的電子商務交易誠信問題自解決機制（網上交易時）

據支付寶官方網站相關信息，2008年1月，支付寶推出與中國建設銀行合作的支付寶「賣家信貸」服務，符合信貸要求的淘寶網賣家將可獲得最高十萬元的個人小額信貸，而銀行給中小賣家發放貸款時正是參考了支付寶的信用數據。由此可見，支付寶交易所累積的信用數據可靠性強，這一信用體系也正在獲得各方面的認可。

銀行貸款時基於公共知識的電子商務交易誠信問題自解決機制如圖1.13所示。

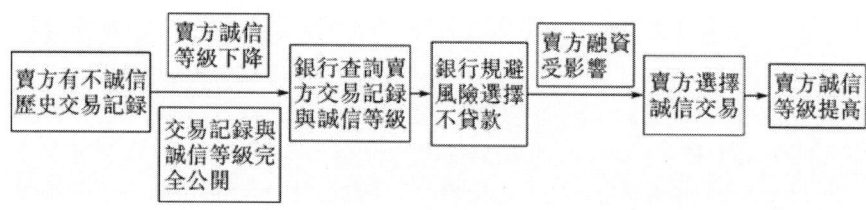

圖1.13　基於公共知識的電子商務交易誠信問題自約束和解決機制（銀行貸款時）

從圖1.12和圖1.13可見，只要網上交易的相關誠信等級與誠信評價數據成為全社會的公共知識，電子商務交易的誠信問題就可以基於公共知識的原理得到自我修復和解決，在當前中國社會信用體系還不夠完善的背景下，就能以較小成本保證電子商務交易的誠信最大化。

1.8　電子商務研究的目的、內容、方法與環境建設

（1）電子商務研究的目的。電子商務研究的主要目的是探索電子商務發生與發展的規律，為電子商務實踐提供參考，培養知識和技能複合的人才以及促進電子商務的應用與普及。

（2）電子商務研究的內容。電子商務的研究內容主要包括電子商務的基本理論、電子商務技術的發展、電子商務相關法律法規以及電子商務的應用與創新。

（3）電子商務研究的方法。電子商務研究的方法主要包括經濟學的方法、管理學的方法、信息技術的方法、綜合分析與歸納的方法以及案例法等。

（4）電子商務環境建設。電子商務的發展有賴於其所處經濟社會環境的發展，電子商務只有處於一定的環境下才能順利開展，離開了外部環境的支持，電子商務不可能獨立生存和發展。

第一，電子商務是一種經濟活動，因此經濟環境對電子商務的發展起到了巨大的支持作用。電子商務的良性發展需要良好的宏觀經濟環境。

第二，電子商務離不開社會環境，消費者的消費需求越來越追求個性化、多樣化和方便快捷性，而隨著認識的提高以及舊的習慣的打破，網上購物這種新的生活模式已經滲透到消費者的生活當中，這些社會環境的變化促使電子商務向滿足消費者需求的方向發展。

第三，電子商務的發展更離不開技術環境，計算機技術、網路技術、通信技術以及支付標準、網路協議、通信標準的發展都是直接促進電子商務發展的技術層面的環境因素。

第四，電子商務的發展還離不開道德環境。開展電子商務的公司應該遵守其他傳統公司都要遵守的道德標準。如果不遵守就要承受相同的後果：長期喪失顧客信任並導致公司的滅亡。

這裡要關注的問題有：①網上誹謗：盡量在網上少對其他人或產品進行不能確定的評述。②隱私與責任：未經顧客同意，不要隨便擴散顧客的個人信息數據。這方面顧客已越來越關心。

第五，電子商務的發展離不開法律和政策環境，電子商務法律環境的構建是由國際向國內方向推進的，首先有聯合國貿易法委會頒布的《電子商務示範法》，然後有

各國根據自己國情制定的國內電子商務相關法律法規，如中國政府 2005 年頒布的《電子簽名法》。此外，一國制定一系列有利電子商務發展的政策規劃措施是電子商務有序發展的保障。如中國即將出台的《電子商務「十二五」發展規劃》，對電子商務的人才培養、電子商務的重點工程等各方面進行了詳細規劃，必將促進中國電子商務的快速、有序發展。

1.9 幾個電子商務網站實例

1.9.1 新浪商城(mall.sina.com.cn)

新浪以新聞報導傲視天下，而網上購物的開展主要依靠與 B2C 站點的合作，提供對方的超連結和廣告，自己並不賣東西。通俗地講，新浪只提供了網上購物頻道的架子，利用自己的名氣和瀏覽量，招來合作夥伴入駐購物頻道。新浪商城的特點可以用一個字來概括——「全」，就像它的新聞一樣，從家電商城、鮮花禮品到運動商城、IT 商城，產品相當齊全，但由於新浪的業務重點沒有放在 B2C，內容安排相對簡單，缺乏購物指南、行家評論等，容易令初次購物者面對如此琳琅滿目的商品堆中迷失方向。

1.9.2 MY8848(www.my8848.com)

該網站上電腦、書刊、音像、電器、通信、軟件等方面在產品種類繁多，產品價格比較起其他網站來，也大多比較低，原因大概和 MY8848 廣泛的進貨渠道以及產品種類繁多分不開。在尋找商品方面，顧客一般不會遇到很大的麻煩，不過還是要熟悉一下 MY8848 的產品分類標準。相關產品之間也有關聯，便於進行同類產品比較。不過有時候存在的問題是，在搜索引擎裡搜索出來的產品在分類中不見得找得到，這就需要顧客打電話諮詢。付款方式上，MY8848 支持貨到付款、在線支付、郵局匯款和銀行電匯，基本上包括了所有現有的付款方式。由於是利用郵政進行貨物投遞，貨物的運送速度對郵政系統的依賴較大。在貨物送到後，MY8848 會在貨物箱中附帶一個信封，裡面是購物的發票和小票。根據其網上刊登的售後服務細則，你可以憑發票和小票進行貨物退換。MY8848 的網上售後服務很及時，如果對產品有什麼不滿意通過郵件就可以和服務中心聯繫。

1.9.3 當當書店(www.dangdang.com)

目前，當當已經從網上書城變為了網上商城，其網站上的商品以圖書和音像為主，但也兼營其他百貨商品。此外，當當網上的商品還可分為兩類：一類是當當自營的商品，另一類是入駐商家的商品。淘寶商城（B2C）沒有自營商品，這是兩個網站

的區別。

1.9.4 硅谷商城（www.eshop.com.cn）

在四大 IT 門戶網站中，硅谷動力的電子商務在同行中領先一步。在硅谷商城中，IT 類相關產品已有 9 大類近 20,000 種。面對如此浩瀚的產品，購物新手在搜索引擎和關鍵詞的幫助下，可以極其快速地找到所需商品。產品遞交速度為消費者所關注，硅谷商城承諾同城之間為兩天內送貨上門，異地為三天。另外，付款方式的多寡也是衡量電子商務水平的一個參數。

本章小結

本章是本書的概述部分，主要介紹了電子商務的定義，電子商務的要素和特點，電子商務的安全性與解決之道，電子商務的類型，電子商務的發展階段，電子商務的國際特性以及電子商務研究的目的、內容、方法與環境建設等電子商務的基本內容。

1. 國內外各界對電子商務的定義沒有統一，而是從不同角度和立場加以概括。在不同的定義中，電子技術和商務活動是電子商務必不可少的兩個要素。可以說，電子商務就是通過互聯網技術推動的買賣雙方進行的跨時空商業交易活動，當然，為這個交易活動過程服務的一切環節都應該包括在電子商務的範圍之內，如廣告等。

2. 電子商務的組成要素包括網路基礎環境、電子商務用戶、認證中心（CA）、物流中心以及網上銀行。電子商務的特點有：普遍性、方便快捷、安全性要求高、協調的複雜性、降低交易成本、市場廣大、網路廣告種類繁多等。

3. 中國電子商務安全性基本得到解決，銀行的口令卡等產品解決了盜用銀行卡號和密碼等問題，淘寶網推出的「支付寶」產品解決買家和賣家誠信問題。

4. 按是否盈利為標準，電子商務可分為以盈利為目的的電子商務和不以盈利為目的的電子商務。按電子商務的不同主體可分為：B2B、B2C、C2C 以及 G2G、G2B、G2C 和 E2E。B2B、B2C、C2C 這三類分別的代表性電子商務網站為阿里巴巴、當當網以及淘寶網。G2G、G2B、G2C 以及 E2E 是電子政務網站的四種不同類型。

5. 傳統商務耗費時間長，成本高，服務質量不高，市場局限性大。隨著信息技術的發展，通信技術、計算機技術和互聯網技術不斷更新和進步，到 20 世紀 90 年代，信息技術的發展和進步推動產生了網路經濟，從而實現了傳統商務向電子商務的跨越式發展。

6. 電子商務的發展可以大致分為兩個主要階段：20 世紀 90 年代中期到 2000 年為第一個階段，2003 年後為第二個階段。這兩個階段我們分別稱為電子商務的第一

波和第二波。

7. 網上交易涵蓋的商品和服務類型五花八門，無奇不有，隨著信息技術和社會的發展，以及文化的多元化，適合電子商務交易的商品和服務類型會更加豐富。

8. 電子商務的發展有賴於其所處經濟社會環境的發展，電子商務只有處於一定的環境下才能順利開展，離開了外部環境的支持，電子商務不可獨立生存和發展。

9. 互聯網（電子商務）使企業業務能夠在全球環境中運轉。但在企業用電子商務方式以求獲得更大的發展的過程中，面臨信任、文化、語言等問題，在電子商務的發展過程中，這幾個問題使其國際化的步伐受到制約，企業業務的全球化運轉也因此受到影響。因此，企業在考慮其電子商務業務的時候要結合以上幾方面來進行市場拓展並調整其營銷策略。

本章習題

多項選擇題

1. 電子商務的英文名稱包括（　　）。
   A. EC　　　　B. EDI　　　　C. EB　　　　D. EFT
2. 電子商務的要素主要由哪些組成（　　）。
   A. 網路基礎環境　B. 認證中心　C. 物流中心　D. 網上銀行
3. 下面選擇中哪些部分屬於網路基礎環境（　　）。
   A. 內聯網　　B. 外聯網　　C. 因特網　　D. 電信網
4. 電子商務用戶可分為（　　）。
   A. 一般用戶　B. 個人用戶　C. 企業用戶　D. 高級用戶

簡答題

1. 電子商務的主要類型有幾種？淘寶網屬於電子商務的哪種類型？
2. 電子商務交易比傳統商務交易有明顯的優勢，是否所有交易都適合電子商務方式？哪些類型的交易需要電子商務與傳統商務交易結合進行？
3. 你在校內購物網上訂餐後，送餐上門時付款。這是電子商務嗎？
4. 你用過快遞嗎？它是電子商務的組成要素的哪個環節，該環節有什麼特點？是否所有的電子商務交易都需要這一個環節？
5. B2B 和 B2C 電子商務有什麼區別？試列舉幾個代表性的網站。
6. 什麼是「電子商務的第二波」？

7. 怎麼理解這句話：「在互聯網上，沒有人知道你是一條狗。」
8. 電子商務活動有哪些要素？

論述題

請分別舉例說明電子商務給企業帶來的以下主要效益。
1. 帶給企業新的銷售機會。
2. 降低促銷成本。
3. 降低採購價格。
4. 減少庫存和產品的積壓。
5. 更有效的客戶服務。

實踐操作題

1. 分別瀏覽淘寶網、易趣網、當當書店、卓越網、新浪商城等相關網站，談談你對電子商務的感受。
2. 在一個你最喜歡的電子商務網站註冊，並嘗試進行網上購物，瞭解網上購物的各個環節和要素。

2 網路營銷

2.1 市場營銷

2.1.1 市場營銷的含義

根據美國「現代營銷學之父」菲利普·科特勒的定義，所謂市場營銷是指個人和組織通過創造產品和價值並同他人進行交換以獲得所需所欲的一種社會及管理過程。

2.1.2 市場營銷過程以及營銷中的「4P」和「4C」營銷策略

市場營銷過程就是首先確定目標消費者，然後制定相應的市場營銷組合。

(1)「4P」營銷策略。市場營銷時的關鍵問題通常被稱為營銷中的「4P」，「4P」是美國營銷學學者麥卡錫教授在20世紀60年代提出的營銷組合策略，由產品（Product）、價格（Price）、促銷（Promotion）以及地點（或渠道）（Place）四個英文單詞的第一個字母縮寫而成。

產品（Product）是指一個公司賣的實體物品或服務，價格（Price）指顧客為購買產品所付出的成本，促銷（Promotion）包括傳播產品相關信息的任何方式。地點（或渠道）（Place）指在不同場所能夠提供所需要產品或服務的購買渠道。

可見，營銷中的「4P」是將企業及其產品擺在第一位，從企業的角度考慮生產什麼產品、產品價格如何制定以及產品的銷售渠道等的營銷理念。

(2)「4C」營銷策略。1990年，美國學者勞朋特教授提出了與傳統營銷的「4P」理論相對應的「4C」理論。「4C」理論以消費者需求為導向，重新設定了市場營銷組合的四個基本要素，即消費者（Consumer）、成本（Cost）、便利（Convenience）和溝通（Communication）。它強調企業首先應該把追求顧客滿意放在第一位，其次是努力降低顧客的購買成本，然後要充分注意到顧客購買過程中的便利性，而不是從企業的角度來決銷售渠道策略，最後還應以消費者為中心實施有效的營銷溝通。

2.1.3 電子商務時代的營銷策略

「4C」策略符合電子商務時代對營銷策略的要求，從「4P」的產品向「4C」的顧客需求轉變，考慮市場情況和自身實力，最大化滿足顧客需求，並提供滿足顧客需求的個性化服務，根據消費者需求開發和改進產品包裝，並提供顧客需要的物流服務；從「4P」的價格向「4C」的成本轉變，定價目標由實現廠商利潤最大化變成最大限度地滿足顧客需求並實現利潤最大化，通過與消費者溝通，根據消費者和市場需求，瞭解顧客網上購物的心理價位，客觀科學計算出顧客滿足在線購物需求所願意付出的成本；從「4P」的地點向「4C」的便利轉變，由傳統的生產者—批發商—零售商—消費者的渠道組織轉變為通過網路直接連接生產者和消費者，不受時間和空間限

制進行在線銷售，通過網路處理訂貨單，並提供第三方物流直接將商品送到客戶手中，讓消費者享受方便快捷的網上購物服務；從「4P」的促銷向「4C」的溝通轉變，企業進行促銷的手段主要有廣告、公共關係、人員推銷和營業推廣，企業的促銷策略實際上是各種促銷手段的有機結合。在傳統促銷中，廣告的特點是將大量有關企業和產品的信息灌輸給觀眾，公共關係的維護是靠參加慈善活動和募捐等活動進行。而電子商務時代的網路營銷中，廣告的特點是把顧客的興趣或需求信息用多種網路形式呈現，並根據信息反饋做出調整，公共關係的維護往往是以網上消費者聯誼會或網上記者招待會等形式進行。

2.2 網路營銷的概念及特點

2.2.1 網路營銷概念

　　網路營銷是以互聯網路為媒體，以新的方式、方法和理念實施營銷活動，更有效地促成個人和組織交易活動的實現。網路營銷是企業整體營銷戰略的一個組成部分，它是借助聯機網路，計算機通信和數字交互式媒體來滿足客戶需要，實現一定市場營銷目標的一系列市場行為。從網路營銷的概念可以看出，網路營銷的核心還是營銷，即營銷是實質，技術是手段。

　　網路營銷有多種英文表達方式，如 Cyber Marketing、Internet Marketing、Network Marketing、e-Marketing，等等。Cyber Marketing 是指在計算機上構成的虛構空間進行營銷；Internet marketing 是指在 Internet 上開展營銷活動；e-Marketing 是指在電子化的環境下開展營銷活動；Network Marketing 是在網路上開展營銷活動；而 Online Marketing 指在線營銷。網路營銷的這些英文翻譯只是側重點不一樣，都是常用的表達方式。

2.2.2 網路營銷的特點

　　網路媒介具有傳播範圍廣、速度快、無時間地域限制、無空間版面約束、內容詳盡、多媒體傳送、形象生動、雙向交流、反饋迅速等特點，有利於提高企業營銷信息傳播的效率，增強企業營銷信息傳播的效果，降低企業營銷信息傳播的成本。可見，網路營銷與傳統營銷相比，有很大的優勢，但同時也有一些不足，下面分別闡述這兩方面的特點。

2.2.2.1 網路營銷的優勢

　　（1）全球性。網路營銷可以實現跨國境的交易，國際互聯網覆蓋全球市場，通過它企業可方便快捷地進入任何一國市場。可見，網路營銷具有全球性。

　　（2）交互性。網路營銷有很好的交互性，買賣雙方可以通過各種渠道進行互動，企業因此可以有比傳統營銷更快的應變能力，同時更加密切企業與顧客的關係。

(3) 商品多樣性。網路營銷環境中，商品品種繁多，供顧客選擇的餘地很大。以 B2C 電子商務為例，在搜索引擎上以某一商品的名稱為關鍵詞搜索，會出來成百上千條相關商品的信息供選擇。

(4) 降低成本。從企業的角度來看，可以降低經營成本；從顧客的角度來看，可以降低購物的時間和經濟成本。

(5) 提高效率。通過互聯網，企業可以方便地獲取商機和決策信息，顧客可以在線搜索並確定需要購買的商品，在線支付後很快收到商品，足不出戶，方便快捷。

(6) 服務個性化。消費者以個人心理願望為基礎挑選和購買商品和服務，網路營銷可以滿足不同顧客的個性化需求。

(7) 促銷手段豐富。網路營銷的促銷手段非常豐富，如博客、搜索引擎營銷等。

2.2.2.2 網路營銷的不足

雖然網路營銷有以上優勢，但與傳統營銷相比，它也存在一些弊端：

(1) 信任問題。在網上交易，買賣雙方不見面，其誠信度都有待考察，因此，與傳統營銷的面對面交易相比，網路營銷往往缺乏信任感。

(2) 技術與安全性問題。通信技術和網路技術的應用和發展是網路營銷產生的技術基礎，而隨著相關技術的不斷發展，技術的可靠性與網上交易的安全性問題成為網路營銷的突出問題。

(3) 價格問題。一般來說，網路營銷時商品的價格要比實體店裡商品的價格便宜，尤其是團購。消費者在參與團購的時候，通常會將現價和原價進行對比，看折扣幅度有多大，折扣優惠幅度越大，獲得消費者青睞的可能性就越高。有的團購網站會故意報高產品或服務的原價，然後與現價進行對比，這樣就顯得優惠的幅度相當高，對於消費者的吸引力也就會自然提升。因此，打算團購的消費者在團購某一產品或服務之前，最好提前瞭解一下價格，這樣可以得知真實的優惠幅度，避免被誤導消費。此外，網上購物時，顧客一般只能被動地接受商品的價格等，其討價還價的餘地很小。

2.3 網路營銷方式

網路營銷職能的實現需要通過一種或多種網路營銷手段，常用的網路營銷方法包括搜索引擎營銷、網路廣告、交換連結、信息發布、整合營銷、博客營銷、郵件列表、許可郵件營銷、個性化營銷、會員制營銷、病毒性營銷等。其中，搜索引擎營銷與網路廣告最常見。

2.3.1 搜索引擎營銷

搜索引擎營銷（Search Engine Marketing，SEM）是一種新的網路營銷形式。SEM

所做的就是全面而有效的利用搜索引擎來進行網路營銷和推廣。SEM 追求最高的性價比，以最小的投入，獲得最大的來自搜索引擎的訪問量，並產生商業價值。搜索引擎營銷的常用手段包括：

2.3.1.1 競價排名

競價排名，顧名思義就是網站付費後才能出現在搜索結果頁面，付費越高者排名越靠前。競價排名服務，是由客戶為自己的網頁購買關鍵字排名，按點擊計費的一種服務。客戶可以通過調整每次點擊付費價格，控制自己在特定關鍵字搜索結果中的排名，並可以通過設定不同的關鍵詞捕捉到不同類型的目標訪問者。

搜索引擎競價排名的優點與缺點如下：

（1）優點。第一，可以讓客戶盡可能簡單和快速找到你，相當於做廣告。因為，企業用戶在查找目標供應商時，一般只會看前一兩頁，再往後的結果他們一般是不會看的，這樣如果能排在前面，就會比別人獲得更多的詢盤。

第二，見效快。充值後設置關鍵詞價格後即刻就可以進入排名前列，位置可以自己控制。

第三，關鍵詞數量無限制。可以在後臺設置無數的關鍵詞進行推廣，數量自己控制，沒有任何限制。

第四，關鍵詞不分難易程度。

（2）缺點。第一，價格高昂。熱門關鍵詞單價數元、數十元不等，如果是長期做，那就需要花費高昂的成本。

第二，管理麻煩。如果要保證位置和控制成本，需要每天都進行價格查看，設置最合適的價格來進行競價。因此企業需要專人進行搜索帳戶管理，以進行關鍵詞的篩選，衡量價格，評估效果。

第三，穩定性差。一旦別人出的價格更高，那你就會排名落後。一旦你的帳戶中每天的預算消費完了，那你的排名立刻就會消失。

第四，會增加營銷投入。任何一個點擊都要付出相應的價錢，所以會增加廣告投入。

第五，惡意點擊。競價排名的惡意點擊非常多，你的一半的廣告費都是被競爭對手、廣告公司、閒著無聊的人消費掉了，這些人不會給你帶來任何利益，而且也無法預防，因為他們會隱藏他們的 IP，防不勝防。

目前，國內最流行的點擊付費搜索引擎有百度、雅虎（Yahoo!）等。

2.3.1.2 搜索引擎優化技術

搜索引擎優化技術（Search Engine optimization，SEO）是近年來較為流行的網路營銷方式，主要是通過瞭解各類搜索引擎如何抓取互聯網頁面、如何進行索引以及如何確定其對某一特定關鍵詞的搜索結果排名等技術，對網頁進行相關的優化，使其提

高搜索引擎排名，從而提高網站訪問量，最終提升網站的銷售能力或宣傳能力的技術。SEO 的目的是增加特定關鍵字的曝光率以增加網站的能見度，進而增加銷售的機會。

下面介紹一下搜索引擎優化技術的使用技巧：

（1）選擇準確的關鍵詞。為文章增加新的關鍵詞將有利於搜索引擎的「蜘蛛」爬行文章索引，從而增加網站的質量。可以遵循下面的方法：①關鍵詞應該出現在網頁標題標籤裡面，即關鍵詞一定要放在網頁的 Title 標籤內；②網頁地址裡面有關鍵詞，即目錄名文件名可以放上一些關鍵詞；③在網頁導出連結的連結文字中包含關鍵詞；④用粗體顯示關鍵詞；⑤在標籤中提及該關鍵詞（關於如何運用 head 標籤有過爭論，但一致都認為 h1 標籤比 h2、h3、h4 的影響效果更好）；⑥圖像 ALT 標籤可以放入關鍵詞；⑦整個文章中都要包含關鍵詞，但最好在第一段第一句話就放入；⑧在元標籤（meta 標籤）放入關鍵詞；⑨建議關鍵詞密度最好在 5%～20%。

（2）標籤的合理使用。搜索引擎比較喜歡 h1，h1 標籤是 SEO 的一個學習要點。h1～h6 標籤可定義標題。h1 標籤定義最大的標題。h6 標籤定義最小的標題。從 SEO 的角度來說，經過 SEO 優化後網頁，其代碼是少不了 h1 標籤的，因為其使用價值不小於 Title 標題標籤。也就是說，搜索引擎對於標記了 h1 的文字給予的權重比其他文字的都要高（Title 最高，其次是 h1）。

Title 標籤在網站中起到畫龍點睛的作用，合理地構造 Title 標籤，不但能突出網頁的主題，還有助於提高網站的搜索引擎排名。合理使用 Title 標籤有一些技巧：①每個頁面的 Title 標籤不能相同，首頁與欄目頁、內容頁的標籤不能一致，根據網頁提供的內容的不同，設置合適的 Title 標籤。②Title 標籤設置要與內容相關，可以設置使用標題、關鍵字、概述等。③Title 標籤盡量要有原創性，採編過來的內容不要拿來即用，要適當修改，添加些原創因素，有助於提高網頁搜索引擎的收錄。④Title 標籤設置不要過多，盡量在 25 字以內，越簡潔越好，對網頁主題內容有所概述即可。⑤Title 標籤中設置關鍵詞密度不要過多，1 個為佳，最多不要超過 3 個。關鍵詞密度過高，容易引起搜索引擎反感，使搜索引擎判斷為作弊，導致網站被降權處理等。

搜索引擎優化技術的優點與缺點有如下幾個方面：

（1）SEO 的優點。①引擎「通吃」。網站 SEO 最大的好處就是沒有引擎的各自獨立性，即便您只要求針對百度進行優化，但結果是谷歌、雅虎還是其他的搜索引擎，排名都會相應提高，會在無形中給您帶來更多的有效訪問者。②不用擔心競爭對手的惡意點擊。SEO 的排名是自然排名，不會按點擊付費，不論您的競爭對手如何點，都不會給您浪費一分錢。③穩定性強。無論你採用什麼手法進行優化，只要維護得當，網站的排名穩定性都非常強，不會發生大起大落現象。

（2）SEO 的缺點。①見效慢。網站 SEO 的效果一般需要較長的時間才能顯現出

來，一般關鍵詞大約需要 2～3 個月的時間，行業熱門關鍵詞則需要 4～6 個月甚至更久，所以建議企業可以在銷售淡季進行網站 SEO 工作，到了銷售旺季時排名也基本穩定了。②優化關鍵詞數量有限。要優化幾個不同產品的關鍵詞，需要建幾個甚至幾十個網站，分別選取不同的關鍵詞進行優化。③排名位置在競價排名之後。這個是由百度的規則決定的，自然排名所在的位置只能在競價排名的網站之後，如果第一頁全都做滿了競價排名，那自然排名只能出現在第二頁。

從以上分析來看，搜索引擎競價排名和搜索引擎優化技術各有千秋，每個企業可以根據自身的預算情況進行選擇。預算充足的企業可以考慮先做競價排名一段時間，在這個時間內同時進行網站 SEO 的工作，並根據企業網站 SEO 後的關鍵詞排名情況實施調整競價策略。這樣可以很好地過渡，不會對營銷造成影響。對於任何企業而言，營銷效果都是第一位的，因此，不管是進行 SEO 還是競價排名，對營銷效果進行綜合評估都非常重要。

2.3.1.3 購買關鍵詞廣告

購買關鍵詞廣告，指在搜索結果頁面顯示廣告內容，實現高級定位投放，用戶可以根據需要更換關鍵詞，相當於在不同頁面輪換投放廣告。

2.3.2 網路廣告

網路廣告是企業與顧客之間進行交流的工具，指利用網站上的廣告橫幅、文本連結、動畫等方法，在互聯網刊登或發布廣告，通過網路傳遞到互聯網用戶的一種電子商務時代的廣告運作方式。

2.3.2.1 網路廣告的特點

網路廣告的主要特點為：

（1）受眾範圍的廣泛性。網路廣告在網站上面以各種形式出現，被無數網頁瀏覽者觀看和點擊，其覆蓋面廣，觀眾數目龐大，有廣闊的傳播範圍。

（2）信息的高度密集性。網路廣告有很高的密集性，比如打開一些知名的門戶網站，就會看見，僅僅首頁就有各種類型的網路廣告出現，橫幅廣告、Flash 廣告、GIF 廣告、通欄廣告、按鈕廣告、連結廣告等。

（3）廣告效果的可見性和生動直觀性。網路廣告在網頁上面以圖片、動畫等效果顯示，效果非常生動直觀。

（4）廣告內容跟進的即時性。網路廣告的內容可以很容易地更換，因此內容更新很方便快捷，具有即時性。

（5）廣告價位的可接受性。網路廣告的價位與其效果相比，具有非常好的性價比。

（6）不受時間和空間限制，廣告效果持久。放在網頁上的網路廣告，只要瀏覽者

打開網頁就能夠看到，不管是在家裡還是辦公室，也不管是白天還是夜晚，不受時空限制，因此，能夠達到最好的廣告效果。

（7）方式靈活，互動性強。網路廣告方式非常靈活，可以以動畫、游戲、網上答題、調查問卷等方式進行，而且互動性強。

（8）技術成熟，製作簡捷。網路廣告的製作技術已經非常成熟了，使用 Photoshop、Flash、GIF 動畫製作等軟件就可以很簡捷地製作出較好的網路廣告。

2.3.2.2　網路廣告的形式

網路廣告的形式主要有旗幟廣告、按鈕廣告、競價排名廣告、彈出廣告、通欄廣告、全屏廣告等。

（1）旗幟廣告。旗幟廣告是非常常見的網路廣告。旗幟廣告是一個長方形形狀的廣告，該長方形區域內可呈現表現商家廣告內容的圖片等，並且一般包括企業的網址連結。通常大小為 468×60 像素的稱為全幅旗幟廣告，半幅旗幟廣告尺寸為 234×60 像素，直幅旗幟廣告尺寸為 120×240 像素。旗幟廣告有靜態圖片和動畫兩種形式，具有很強的視覺吸引力，應用在其他瀏覽量較大的站點發布廣告信息。

企業在其他網站上打旗幟廣告一般有兩種不同方式：一種是企業與企業之間交換旗幟廣告；另一種是企業尋找吸引它潛在客戶的網站，並在該網站上付費打旗幟廣告。

（2）按鈕廣告。方形按鈕為 125×125 像素，此外還有 120×90 像素的按鈕以及 120×60 像素的按鈕，還有一種小按鈕為 88×31 像素。圖 2.1 中下方三個小方形圖片就是典型的按鈕廣告。

圖 2.1　按鈕廣告

（3）競價排名廣告。這種形式的廣告是企業註冊屬於自己的「產品關鍵字」，這些「產品關鍵字」可以是產品或服務的具體名稱，也可以是與產品或服務相關的關鍵詞。當潛在客戶通過搜索引擎尋找相應產品信息時，企業網站或網頁信息出現在搜索引擎的搜索結果頁面或合作網站頁面醒目位置的一種廣告形式。由於搜索結果的排名或在頁面中出現的位置是根據客戶出價的多少進行排列，故稱為競價排名廣告。這種

廣告按點擊次數收費，企業可以根據實際出價，自由選擇競價廣告所在的頁面位置。因而企業能夠將自己的廣告連結更加有的放矢地發布到某一頁面，而只有對該內容感興趣的網民才會點擊進入，因此廣告的針對性很強。

（4）彈出廣告。指當打開某頁或者關閉某頁時就會彈出來的廣告（如圖 2.2 所示）。這種廣告是目前在網上最常見的廣告類型。

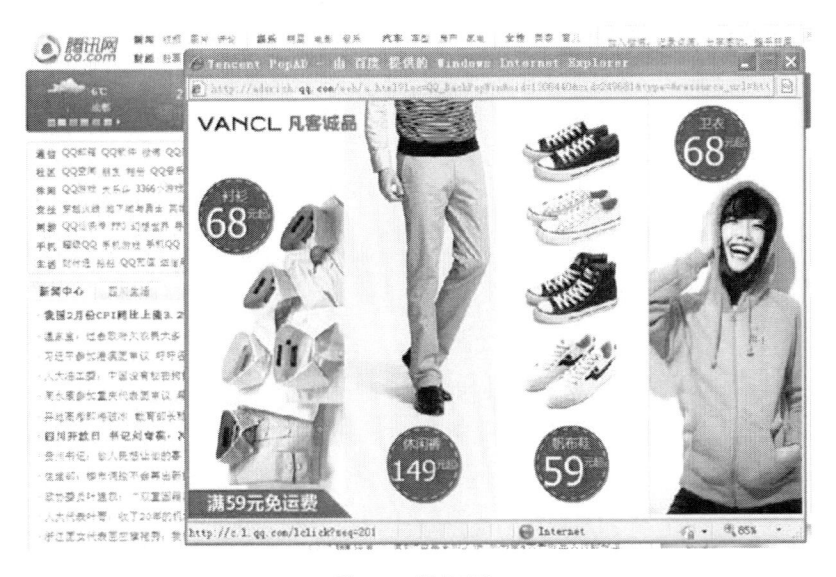

圖 2.2　彈出廣告

（5）通欄廣告。該類型廣告以橫貫頁面的形式出現，該廣告形式尺寸較大，視覺衝擊力強，能給網路訪客留下深刻印象。特點：吸引力更強，表現更突出，備受來訪者關注。

（6）全屏廣告。在用戶打開某個網頁時被強制插入廣告頁面或彈出廣告窗口，當該插播式廣告的尺寸為全屏時就稱為全屏廣告，全屏廣告將整個頁面屏幕占滿。全屏廣告可以是靜態的也可以是動態的。

（7）Flash 和 GIF 動畫廣告。

2.3.3　交換連結

交換連結又稱互換連結，即分別在自己的網站首頁或者內容頁放上對方網站的 LOGO 或關鍵詞並設置對方網站的超級連結，使用戶可以從對方合作的網站中看到自己的網站，達到互相推廣的目的。交換連結主要有幾個作用，即可以獲得訪問量、增加用戶瀏覽時的印象、在搜索引擎排名中增加優勢、通過合作網站的推薦增加訪問者的可信度等。此外，交換連結還可以提升網站在業內的認知和認可度。

2.3.4 博客營銷

博客營銷是通過博客網站或博客論壇接觸博客作者和瀏覽者，利用博客作者個人的知識、興趣和生活體驗等傳播商品信息的營銷活動。博客營銷並不直接推銷產品，而是通過影響消費者的思想來影響其購買行為。例如某母嬰產品商贊助某知名育兒專家博客，並向其灌輸自己相關產品的內容，而後這些產品由該博客為源頭傳播開來，影響其他育兒愛好者和相關用戶。專業博客往往是那個圈子中的意見領袖，他們通過自己的一舉一動和博客文章的觀點影響自己的追隨者和圍觀者。

2.3.5 在線商店

在線商店的代表是 B2C 類型的電子商務網站亞馬遜，消費者可以在線檢索、訂購、支付貨款。另外一類在線商店是由生產企業直接設立的，如戴爾。

2.3.6 網上店鋪

這種類型與在線商店不同，是建立在第三方提供的電子商務平臺上，由商家自行經營網上商店，如同在大型商場中租用場地開設商家的專賣店一樣，淘寶網就屬於這類。網上商店除了通過網路直接銷售產品這一基本功能之外，還是一種有效的網路營銷手段。從企業整體營銷策略和顧客的角度考慮，網上商店的作用主要表現在兩個方面：一方面，網上商店為企業擴展網上銷售渠道提供了便利的條件；另一方面，建立在知名電子商務平臺上的網上商店增加了顧客的信任度。從功能上來說，對不具備電子商務功能的企業網站也是一種有效的補充，對提升企業形象並直接增加銷售具有良好效果，尤其是將企業網站與網上商店相結合，效果更為明顯。

2.3.7 病毒性營銷

病毒性營銷（Viral Marketing）是一種常用的網路營銷方法，常用於進行網站推廣、品牌推廣等。病毒性營銷並非真的以傳播病毒的方式開展營銷，而是指通過用戶的口碑宣傳，借助於網路的快速傳播效應進行營銷。在互聯網上，通過這種口碑傳播，信息可以像病毒一樣迅速蔓延，利用快速複製的方式向數以千計、數以百萬計的受眾傳播。因此病毒性營銷成為一種高效的信息傳播方式，而且病毒性營銷通過提供有價值的信息和服務，利用用戶之間的主動傳播來實現網路營銷信息傳遞的目的，由於這種傳播是用戶之間自發進行的，因此幾乎是不需要費用的網路營銷手段。

病毒性營銷的經典範例是 Hotmail，它是世界上最大的免費電子郵件服務提供商，在創建之後的一年半時間裡，就吸引了 1,200 萬註冊用戶，而且還在以每天超過 15 萬新用戶的速度發展。令人不可思議的是，在網站創建的 12 個月內，Hotmail 只花費

很少的營銷費用，還不到其直接競爭者的3%。Hotmail之所以有爆炸式的發展，就是因為利用了病毒性營銷的巨大效力。

正是由於病毒性營銷具有巨大優勢，因此在網路營銷方法體系中佔有一席之地，吸引著營銷人員不斷創造各種各樣的病毒性營銷計劃和病毒性營銷方案，其中有些取得了極大成功，當然也有一些病毒性營銷創意雖然很好，但在實際操作中可能並未達到預期的效果，有些則可能成為真正的病毒傳播而為用戶帶來麻煩，對網站的形象可能造成很大的負面影響。因此，在認識到病毒性營銷的基本思想之後，還有必要進一步瞭解病毒性營銷的一般規律，這樣才能設計出成功的病毒性營銷方案。

> **小知識：病毒式營銷案例**
>
> 病毒性營銷的經典範例出自Hotmail.com，這種戰略其實很簡單：
> 1. 提供免費郵件地址和服務；
> 2. 在每一封免費發出的信息底部附加一個簡單標籤：「Get your private, free email at http://www.hotmail.com」；
> 3. 然後，人們利用免費郵件向朋友或同事發送信息；
> 4. 接收郵件的人將看到郵件底部的信息；
> 5. 這些人會加入使用免費郵件服務的行列；
> 6. 它提供免費郵件的信息將在更大的範圍擴散。

2.3.8 論壇營銷

論壇營銷就是企業利用論壇這種網路交流的平臺，通過文字、圖片、視頻等方式發布企業的產品和服務的信息，從而讓目標客戶更加深刻瞭解企業的產品和服務，最終達到企業宣傳、加深市場認知度的網路營銷活動。

2.3.9 即時通信工具營銷

即時通信工具（IM）營銷一般是指通過QQ、MSN、旺旺等即時通信軟件來實現營銷的目的，常用方法為群發消息，利用彈出窗口彈出信息，或者採用工具皮膚內嵌廣告的形式進行。

即時通信工具是開展網路營銷的必備工具，是進行在線客服、維護客戶關係等有效溝通的有力武器，有了即時通信工具，可以實現與客戶零距離、無延遲、全方位的溝通，特別是企業網站或電子商務網站，即時通信工具的合理利用，既可以與客戶保持密切聯繫，促進良好關係，也可以有效促進銷售，實現商務目的。

常見的即時通信工具主要可分為兩類：一類是通用型即時通信工具，以QQ、MSN、Skype等為代表；另一類是專用型即時通信工具，以阿里旺旺、慧聰發發、移

動飛信、聯通超信、電信靈信等為代表。

通用型即時通信工具應用範圍廣，使用人數多，並且捆綁服務較多，如郵箱、博客、游戲等，由於應用人數多，使得用戶之間建立的好友關係組成一張龐大的關係網。通用型即時通信工具屬於網路營銷利益主體外第三方營運商提供的服務，具有寡頭壟斷地位，進入門檻高，後來者難以與已經成熟的市場主導者抗衡。

專用型即時通信工具應用於專門的平臺和客戶群體，如阿里旺旺主要應用阿里巴巴及淘寶、口碑等阿里公司下屬網站，移動飛信則限於移動用戶之間，這類即時通信工具與固有平臺結合比較緊密，擁有相對穩定用戶群體，在功能方面專用性、特殊性較強，但由於應用者主要是自身平臺的使用者，所以在應用範圍、用戶總量方面有一定限制。應用於有穩定客戶群體和專業平臺，並且有相當實力的大企業。

即時通信工具的優點非常明顯，通用型即時通信工具有利於經營和累積營銷關係網，專用型即時通信工具有利於激發有效需求並為交易的實現提供功能性服務。雖然即時通信軟件各有特點，但各個即時通信工具之間的用戶並非彼此分離，而是存在很大程度的交叉和疊加，對各個即時通信工具來說用戶具有「共享性」，在網路營銷應用中，實現各個即時通信工具之間信息的互聯互通，是進行即時通信工具網路營銷應用的迫切需求，這樣才能發揮進行即時通信工具網路營銷應用的最高價值。

2.3.10 郵件營銷

郵件營銷即通過向潛在顧客發送郵件宣傳自己企業的產品和服務，達到營銷的目的。這種營銷方式目前非常普通，我們的郵箱裡經常會收到各種各樣的宣傳企業產品和服務的垃圾郵件或者是定制的產品目錄郵件，這主要是通過購買潛在顧客的郵件地址等相關資料信息進而向潛在顧客群發郵件進行的。在大眾維權意識比較強並且相關法律法規健全的國家中，企業向大眾群發郵件廣告常會面臨法律訴訟問題，但如果網站瀏覽者明確表示需要定期或者不定期地接受企業的產品信息的郵件（如在某網站註冊時同意網站定期發送產品目錄的郵件），則郵件營銷就是合理合法的。

2.3.11 網路商品交易中心

網路商品交易中心這種模式的代表是「阿里巴巴」。它主要是為企業之間進行交易提供一個平臺。

2.3.12 微博營銷

（1）定義。國內知名新媒體領域研究學者陳永東率先給出了微博的定義：微博是一種通過關注機制分享簡短信息的廣播式的社交網路平臺。理解這個定義要注意四個方面，第一，微博的關注機制是可單向可雙向的；第二，微博的內容比較簡短，通常

為140字以內；第三，微博的信息是公開的，誰都可以瀏覽，即具有廣播式的特點；第四，微博是一種社交網路平臺。

微博營銷是新興的營銷方式，指企業開設微博進行品牌傳播，開發新客戶，增加銷量。用戶關注企業營銷的微博平臺的前提是他覺得可以獲得價值，這種價值或者是對該企業品牌或者企業領頭人的認可，或者是對產品和服務的喜愛，或者是對微博內容的欣賞。可見，微博營銷與博客營銷是有很大區別的。

（2）特點。微博的特點主要有以下幾點：

第一，發布門檻低，成本遠小於廣告，效果却不差。140個字的微博，遠比博客發布容易，而比同樣效果的廣告則成本更加低廉，與傳統的大眾媒體（報紙、流媒體、電視等）相比受眾同樣廣泛。

第二，傳播效果好，速度快，覆蓋面廣。微博信息支持各種平臺，包括手機、電腦與其他傳統媒體。同時傳播的方式有多樣性，轉發非常方便。利用名人效應能夠使事件的傳播量呈幾何級放大。

第三，針對性強，有利於後期維護及反饋。微博營銷是投資少見效快的一種新型的網路營銷模式，其營銷方式和模式可以在短期內獲得最大的收益。傳統媒體廣告往往針對性差，難以進行後期反饋。而微博針對性極強，絕大多數關注企業或者產品的粉絲都是本產品的消費者或者是潛在消費者。企業可以進行精準營銷，並且可以即時查看反饋信息和回覆。

第四，手段多樣化、人性化。微博營銷可以方便地利用文字、圖片、視頻等多樣化的展現形式，而且企業品牌的微博本身就可以將自己擬人化，更具親和力。

（3）微博營銷分類。微博營銷可分為個人微博營銷和企業微博營銷。前者指一個人，後者指一個企業以網路營銷方式做好自己的微博，以及如何做好該微博的方法和經驗技巧。

（4）與博客營銷的區別。微博營銷與博客營銷的區別主要表現在博客營銷以信息源的價值為核心，主要體現信息本身的價值；微博營銷以信息源的發布者為核心，體現了人的核心地位，但某個具體的人在社會網路中的地位，又取決於他的朋友圈子對他的言論的關注程度，以及朋友圈子的影響力（即群體網路資源）。簡單地說，微博營銷與博客營銷的區別在於：博客營銷可以依靠個人的力量，而微博營銷則要依賴社會網路資源。

（5）微博營銷的內容建設。企業微博營銷包括：第一，官方微博。內容較為正式，可以在第一時間發布企業最新動態，對外展示企業品牌形象，成為一個低成本的媒體。第二，企業領袖微博。領袖微博是以企業高管的個人名義註冊，具有個性化的微博，能夠影響目標用戶的觀念，在整個行業中的發言具有一定號召力。第三，客服微博。與企業的客戶進行即時溝通和互動，深度交流，讓客戶在互動中提供產品服務

的品質，縮短了企業對客戶需求的回應時間。第四，公關微博。對於危機能即時監測和預警，出現負面信息後能快速處理，及時發現消費者對企業及產品的不滿並在短時間內快速應對。如遇到企業危機事件，可通過微博客對負面口碑進行及時的正面引導。第五，市場微博。通過微博組織市場活動，打破地域人數的限制，實現互動營銷。

新聞事件：新浪「微博快跑」

2010年8月28日，新浪微博一週年。這一天，一場「微博快跑」活動繞城舉行。「微博快跑」是新浪為慶祝微博開通一週年而組織的活動，是國內微博產品第一次大規模從線上延伸到線下，充分利用微博創新的特點，大膽突破常規的活動模式，以活動造事件，讓博友自己創造內容並幫助傳播。

從8月20日開始，「微博快跑」官方微博成立，通過話題討論、懸念設置、投票PK、禮品激勵等為活動預熱。活動當天，車隊每到一站都會組織車內、現場和線上的網友進行互動，這次活動共產生30,000多條微博內容，引發各大媒體高度關注和報導。活動結束後第三天，百度搜索「微博快跑」獲得71萬條相關結果。通過裂變式的傳播，「微博快跑」的信息瞬間傳遞到了更多的網民，用戶品牌好感度、忠誠度大幅提升。因此，從某種意義上來說，這不只是一場成功的慶生秀，更是新浪微博發展的新起點。

許多中國微博先驅者先後進行了不懈探索，但大多以倒下告終，直到2009年8月新浪微博正式開通。新浪微博沿用博客推廣的成功經驗，短時間內迅速掀起國內微博風潮，「你圍脖（微博）了嗎？」成為很多人寒暄的第一句話。

作為國內最早由門戶網站推出的微博，新浪微博已成為國內微博領域的領先者。《中國微博元年市場白皮書》數據顯示，隨著用戶數的不斷增長，新浪微博每天都在產生海量信息。2010年7月，新浪微博產生的總微博數超過9,000萬，每天產生的微博數超過300萬，平均每秒會有近40條微博產生。

（資料來源：新浪網）

2.4 市場細分

市場細分指按照某一標準將消費者市場細分為不同類型的消費群體，其客觀基礎是消費者需求的異質性。進行市場細分的主要依據是異質市場中需求一致的顧客群，實質就是在異質市場中求同質。市場細分的目標是為了聚合，即在需求不同的市場中把需求相同的消費者聚合到一起。這一概念的提出，對於企業的發展具有重要的促進作用。

市場細分的概念是美國市場學家溫德爾・史密斯（Wendell R. Smith）於 1956 年提出來的。按照消費者慾望與需求把因規模過大導致企業難以服務的總體市場割分成若干具有共同特徵的子市場，處於同一細分市場的消費群被稱為目標消費群。

　　第二次世界大戰結束後，美國眾多產品市場由賣方市場轉化為買方市場，在這一新的市場形式下，企業營銷思想和營銷戰略產生了新的發展，由此產生了市場細分的概念。市場細分是企業貫徹以消費者為中心的現代市場營銷觀念的必然產物。

2.4.1　市場細分的方式

　　有的專家認為市場細分有兩種極端的方式：完全市場細分與無市場細分，而在該兩極端之間存在一系列的過渡細分模式。

　　（1）完全市場細分。完全市場細分就是市場中的每一位消費者都單獨構成一獨立的子市場，企業根據每位消費者的不同需求為其生產不同的產品。理論上說，只有一些小規模的、消費者數量極少的市場才能進行完全細分，這種做法對企業而言是不經濟的，近幾年開始流行的「訂制營銷」就是企業對市場進行完全細分的結果。

　　（2）無市場細分。無市場細分是指市場中的每一位消費者的需求都是完全相同的，或者是企業有意忽略消費者彼此之間需求的差異性，而不對市場進行細分。

2.4.2　市場細分的必要性和可能性

　　（1）顧客需求的絕對差異造成市場細分的必要性。顧客需求的差異性是指不同顧客之間的需求是不一樣的。在市場上，消費者總是希望根據自己的獨特需求去購買產品，而消費者需求又可以分為「同質性需求」和「異質性需求」兩大類。同質性需求是指消費者需求的差異性很小，甚至可以忽略不計，因此沒有必要進行市場細分。異質性需求是指由於消費者所處的地理位置、社會環境不同、自身的心理和購買動機不同，造成他們對產品的價格、質量款式等需求存在差異性，這種消費者的需求的絕對差異造成了市場細分的必要性。此外，現代企業由於受到自身實力的限制，不可能向市場提供能夠滿足所有消費者一切需求的產品和服務。為了有效地進行競爭，企業必須進行市場細分，選擇最有利可圖的目標細分市場，集中企業的資源，制定有效的競爭策略，以取得和增加競爭優勢。

　　（2）顧客需求的相對同質性使市場細分有了實現的可能性。在同一地理條件、社會環境和文化背景下，人們形成相對類似的人生觀、價值觀，其需求特點和消費習慣大致相同。正是基於消費需求在某些方面的相對同質，市場上存在絕對差異的消費者才能按一定標準聚合成不同的群體。所以消費需求的相對同質性則是使市場細分有了實現的可能性。

2.4.3 市場細分方法

每個企業都要把顧客分為不同的組別,並對每個組進行不同的營銷信息的傳遞。研究表明,在網路營銷中,顧客的分組會更細,而且網路營銷中,企業網站會滿足不同組別的顧客在不同時段的不同需求。

對市場特定的目標顧客群的確定以及對這些不同群體採用的不同廣告策略稱為市場細分。企業營銷策略制定者在進行市場細分時,一般會根據不同的細分變量對目標市場進行細分。歸納起來,細分變量主要有地理環境因素、人口統計因素、消費心理因素、消費行為因素以及消費受益因素等,因此,市場細分也就有了地理細分、人口細分、心理細分、行為細分、受益細分這五種市場細分的基本形式。其中,常見的有三種市場細分的分類方法:

(1) 使用地球環境因素細分變量的地域細分法,即根據目標顧客所處不同地域將顧客分為不同組別。

(2) 使用人口統計因素細分變量的人口統計學細分法,即根據目標顧客的不同年齡、性別、家庭人口規模、收入、教育程度、宗教和種族等狀況將顧客分為不同組別。

(3) 使用心理因素細分變量的心理學細分法,即根據目標顧客的不同社會地位、個性以及生活方式等將顧客分為不同組別。

下面舉例說明這三種不同市場細分方法的應用。

例2.1:某飲料廠家針對兒童推出「O泡」果奶。

該例是針對兒童推出的系列飲料產品,目標顧客群鎖定為兒童。這屬於市場細分中的人口統計學細分方法,即根據目標顧客的不同年齡將顧客分為不同組別,將年齡較小的兒童歸入「O泡」果奶的目標顧客群。

例2.2:某方便面廠家推出四川話版的勁辣牛肉面電視廣告。

該例是一種混合的市場細分方法的應用。四川話版的辣味方便面主要的目標顧客群就是四川等地喜歡吃辣的人群,因此這是地域細分法的體現;而喜歡吃辣的人群被鎖定為該產品的目標顧客群,又是心理學細分法中按生活方式進行分類的體現。因此,本例是地域細分法與心理學細分法相結合的市場細分法的應用。

例2.3:某銀行對公務員、醫生等信用狀況良好的人群推出一款可享多種優惠的信用金卡。

該例是典型的按心理學細分法與人口統計學細分法相結合進行市場細分的應用。公務員、醫生等人群社會地位比較高,受教育程度比較高,易於接受信用卡消費(生活方式)。

例2.4:某家具廠針對不同收入家庭設計和生產了三大類家具產品:面向高收入家庭的別墅用豪華家具、面向中等收入家庭的中檔家具、面向中低收入家庭的低檔

家具。

該例是以不同收入狀況對目標顧客群進行分類的例子，因此是典型的人口統計學細分法的應用。

例2.5：某飲料廠推出運動飲料系列。

該例的目標顧客是愛好運動的人群，以男性為主。因此，本例是心理學細分法與人口統計學細分法相結合進行市場細分的例子。

2.5　企業與顧客關係的生命週期

企業市場營銷的目標就是在企業與顧客間建立密切的聯繫。顧客的良好的購物經驗有助於建立對企業產品的強烈的忠誠感。

隨著時間的推移，顧客與企業的忠誠度關係發展有五個階段，分別是意識、探索、熟悉、忠誠以及分離階段。在這五個階段中，忠誠階段顧客與企業關係的密切程度最高。下面舉例對這五個階段進行說明。

（1）某快餐店推出一款新式漢堡，路過時經常聽到其廣告。（意識階段：對某個企業的某種產品或某系列產品有一些意識和初步印象。）

（2）路過時偶爾買了一次，感覺味道挺不錯，價格也合適。再去時居然買一贈一，一次吃不了的還可以領贈送券以後去取，挺好。（探索階段：在有一定印象的基礎上有意或無意地嘗試使用該新產品，或者主動瞭解該品牌企業或產品的一些背景情況。）

（3）經常路過那裡時去買來當早餐，時刻關注其優惠活動及店裡的新產品。（熟悉階段：對產品的功能和特點非常熟悉。）

（4）不但自己天天吃，還向其他朋友推薦早餐都去那裡吃。（忠誠階段：不但自己在同種類型和功能的產品中只使用該產品，還向其他人介紹和推薦該產品。）

（5）街對面新開了一家店，新推出的蝦球真好吃，而且買兩串還送一個蛋塔加一杯可樂，價格也合適，經常吃漢堡也吃膩了，以後每天的早餐就改吃蝦球了 。（分離階段：由於有其他競爭對手推出類似或者功能更佳的產品，或者該產品推出了其他功能系列產品，自己轉而選擇其他品牌或者其他功能系列的產品。）

可見，顧客與企業和企業產品關係的密切程度不是一成不變的，而是由不密切變為密切，再轉為不密切。因此，企業一定要瞭解這一點：當自己的產品受市場歡迎、市場佔有率高的時候一定要想到這不是永久的，要考慮如何迎合顧客對產品外觀和功能不斷求新的需求變化。因此，聰明的企業會在產品推出一段時間後進行市場調查，瞭解目標顧客的新的需求，不斷改進產品功能和外觀，適時推出一些新款產品去滿足顧客不斷變化的需求。

2.6 網路營銷策略

2.6.1 網路營銷產品特點與類型

2.6.1.1 網路營銷產品特點

不是所有商品都適合進行網路營銷，因此，網路營銷的產品應該具有自身的特點。網路營銷的產品價格應該比較便宜，適合網上銷售；產品樣式符合該國或地區的風俗習慣和宗教信仰，可以滿足購買者的個性化需求。當然，網路營銷的產品品牌必須明確、醒目，包裝要適合網路營銷的要求，產品的目標市場適合覆蓋廣大的上網人群所在的地理範圍。

2.6.1.2 網路營銷產品分類

（1）以產品形態分類。以產品形態劃分，網路營銷產品可分為實體產品和虛擬產品。實體產品包括消費品、工業品等實體的產品。虛擬產品可以分為電腦軟件、網路付費游戲等軟件產品，網上法律援助、醫療服務等服務產品，以及股票行情分析等信息諮詢服務產品。

（2）以產品品種分類。以產品品種劃分，網路營銷產品可以分為普通產品（主要是日常消費品等實體產品）、軟件產品及服務產品等。比如，服裝是普通產品、游戲裝備是軟件產品、在線搶車位等即為服務產品。在網路營銷中，這三種類型的產品發展勢均力敵。

2.6.2 網路營銷定價策略

企業的定價目標一般包括：生存定價、獲取當前最高利潤定價、獲取當前最高收入定價、銷售額增長最大量定價、最大市場佔有率定價和最優異產品質量定價。企業的定價目標一般與企業的戰略目標、市場定位和產品特性相關。企業制定價格一方面會依據產品的生產成本，另一方面會從市場整體來考慮。它取決於需求方的需求強弱程度和價值接受程度，以及替代性產品（也可以是同類的）的競爭壓力程度。

在網路營銷中，市場還處於起步階段的開發期和發展期，企業進入網路營銷市場的主要目標是占領市場求得生存發展機會，然後才是追求企業的利潤。目前，網路營銷產品的定價一般都是低價甚至是免費，以求在迅猛發展的網路虛擬市場中尋求立足機會。

網路營銷中的定價策略一般有以下幾種類型。

2.6.2.1 低價定價策略

借助互聯網進行銷售，比傳統銷售渠道的費用低廉，因此網上銷售價格一般來說比市場價格要低。由於網上的信息是公開和易於搜索、比較的，因此網上的價格信息對消費者的購買起著重要作用。根據研究，消費者選擇網上購物，一方面是因為網上購物比較方便，另一方面是因為從網上可以獲取更多的產品信息，從而以最優惠的價

格購買商品。

低價定價策略可以分為直接低價定價策略、折扣定價策略和促銷定價策略幾種類型。

（1）直接低價定價策略就是指在定價時大多採用成本加一定利潤，有的甚至是零利潤，因此這種定價在公開價格時就比同類產品要低。它是製造業企業在網上進行直銷時一般採用的定價方式，如戴爾公司電腦定價比同性能的其他公司產品低10%～15%。這種低價可以幫互聯網企業節省大量的成本費用。

（2）折扣低價定價策略是指在原價基礎上進行折扣來定價。這種定價方式可以讓顧客直接瞭解產品的原價及降價幅度，以促進顧客的購買。這類價格策略主要用在一些網上商店，一般按照市面上的流行價格進行折扣定價。如亞馬遜的圖書價格一般都要進行折扣，而且折扣價格達到3～5折；當當網的圖書價格也會標出原價以及折扣價以吸引顧客（如圖2.3所示）。

圖2.3 當當網上圖書標價示例

（3）如果企業是為拓展網上市場，但產品價格又不具有競爭優勢時，則可以採用促銷定價策略。由於網上消費者的覆蓋面很廣，且具有很大的購買能力，許多企業為打開網上銷售局面和推廣新產品，採用臨時促銷定價策略。促銷定價除了前面提到的折扣策略外，比較常用的是有獎銷售、附帶贈品銷售以及贈積分等策略。

在採用低價定價策略時要注意以下幾點：首先，用戶一般認為網上商品比從一般渠道購買的商品要便宜，在網上不宜銷售那些顧客對價格敏感而企業又難以降價的產品；其次，在網上公布價格時要注意區分消費對象，一般要區分一般消費者、零售商、批發商、合作夥伴，分別提供不同的價格信息發布渠道，否則可能因低價策略混亂導致營銷渠道混亂；最後，網上發布價格時要注意比較同類站點公布的價格，因為消費者可以通過搜索功能很容易地在網上找到更便宜的商品，否則價格信息公布將起到反作用。

2.6.2.2 定制生產定價策略

（1）定制生產內涵。按照顧客需求進行定制生產是網路時代滿足顧客個性化需求

的基本形式。由於消費者的個性化需求差異性大，加上消費者的需求量又少，因此企業實行定制生產要在管理、供應、生產和配送各個環節上適應這種小批量、多式樣、多規格和多品種的生產和銷售變化。為適應這種變化，現在企業在管理上採用企業資源計劃系統（Enterprise Resource Planning，ERP）來實現自動化、數字化管理，在生產上採用計算機集成製造系統（Computer Integrated Manufacturing System，CIMS），並且在供應和配送上採用供應鏈管理（Supply Chain Management，SCM）。

（2）定制定價策略。定制定價策略是在企業能實行定制生產的基礎上，利用網路技術和輔助設計軟件，幫助消費者選擇配置或者自行設計能滿足各種需求的個性化產品，同時承擔願意付出的價格成本。戴爾公司的用戶可以通過其網頁瞭解產品的基本配置和基本功能，根據實際需要和在能承擔的價格內，配置出自己最滿意的產品，使消費者能夠一次性買到自己中意的產品。同時，消費者也會選擇自己認為價格合適的產品，因此對產品價格有比較全面的認識，有利於增加企業在消費者面前的信用。目前，這種定制定價的方式還處於初級階段，只能在有限的範圍內進行挑選，還不能完全滿足消費者的個性化需求。

2.6.2.3 使用定價策略

在傳統交易關係中，顧客購買產品後即擁有對產品的完全產權。但隨著經濟的發展，人民生活水平的提高，人們對產品的要求越來越多，而且產品的使用週期也越來越短，許多產品在購買後使用幾次就不再使用，非常浪費。為改變這種情況，可以在網上採用類似租賃的方式，按使用次數定價。

比如一些軟件產品，企業可將其產品放置到網站，用戶在互聯網按使用次數付錢。對於音樂產品，也可以通過網上下載或使用專用軟件點播。按使用次數的定價策略，一般要考慮產品是否適合通過互聯網傳輸，是否可以實現遠程調用。目前，比較適合的產品有軟件、音樂、電影等。按次數定價的策略對互聯網的帶寬提出了很高的要求，因為許多信息都需要通過互聯網進行傳輸，如帶寬不夠勢必會影響顧客租賃使用和觀看。

2.6.2.4 拍賣競價策略

網上拍賣是目前發展比較快的領域，經濟學認為市場要想形成最合理價格，拍賣競價是最合理的方式。網上拍賣由消費者通過互聯網輪流公開競價，在規定時間內由價高者贏得。根據供需關係，網上拍賣競價方式有下面幾種：

（1）競價拍賣。最大量的是 C2C 的交易，包括二手貨、收藏品，也可以是普通商品以拍賣方式進行出售。

（2）競價拍買。它是競價拍賣的反向過程，消費者提出一個價格範圍，求購某一商品，由商家出價，出價可以是公開的或隱蔽的，消費者將與出價最低或最接近的商家成交。

（3）集體議價。在互聯網出現以前，這種方式在國外主要是多個零售商結合起

來，向批發商（或生產商）以數量議價的方式。互聯網的出現使得普通的消費者也能使用這種方式購買商品。目前的國內網路競價市場中，這還是一種全新的交易方式。

2.6.2.5 免費價格策略

免費價格策略是市場營銷中常用的營銷策略，就是將企業的產品或服務以零價格或近乎零價格的形式提供給顧客使用，滿足顧客需求。在傳統營銷中，免費價格策略一般是短期和臨時性的；在網路營銷中，免費價格策略是一種長期並行之有效的企業定價策略。

採用免費策略的產品一般都是利用產品成長推動占領市場，幫助企業通過其他渠道獲取收益，為未來市場發展打下基礎。企業在制定價格策略時要注意，並不是所有的產品都適合免費定價策略。受企業成本影響，如果產品開發成功後，只需要通過簡單複製就可以實現無限制的生產，使免費商品的邊際成本趨近於零；或通過海量的用戶，使其沉沒成本攤薄，這就是最適合用免費定價策略的產品。免費價格策略如果運用得當，便可以成為企業的一把營銷利器。

目前，網路營銷中常見的免費產品包括只付運費的免費產品、申請免費試用產品等類型。

2.6.3 網路營銷定價基礎

網路營銷中，經常採用低價策略，這種低價存在的可能，或者說定價的基礎是什麼呢？下面對此進行分析。

（1）降低採購成本費用。通過互聯網可以減少人為因素和信息不暢通帶來的問題，在最大限度上降低採購成本。第一，利用互聯網可以將採購信息進行整合和處理，統一從供應商處訂貨，以求獲得最大的批量折扣。第二，通過互聯網實現庫存、訂購管理的自動化和科學化，可最大限度減少人為因素的干預；同時能以較高效率進行採購，可以節省大量人力，避免人為因素造成的不必要損失。第三，通過互聯網可以與供應商進行信息共享，幫助供應商按照企業生產的需要進行供應，不影響生產，也不會不增加庫存產品。

（2）降低庫存。利用互聯網將生產信息、庫存信息和採購系統連接在一起，可以實現即時訂購。企業可以根據需要訂購，最大限度降低庫存，實現「零庫存」管理，這樣，一方面減少資金占用和減少倉儲成本，另一方面可以避免價格波動對產品的影響。減少庫存量意味著現有的加工能力可以更有效地得到發揮，更高效率的生產可以減少或消除企業和設備的額外投資。

（3）生產成本控制。互聯網發展和應用將減少產品生產時間，節省大量的生產成本。首先，利用互聯網可以實現遠程虛擬生產，在全球範圍尋求最適宜生產廠家生產的產品；其次，利用互聯網可以大大節省生產週期，提高生產效率。使用互聯網與供貨商和客戶建立聯繫使公司能夠比從前大大縮短用於收發訂單、發票和運輸通知單的

時間。

本章小結

　　本章主要介紹了網路營銷，包括網路營銷的定義與類型、網路營銷的特點、網路營銷方式、市場細分、企業與顧客關係的生命週期、網路廣告以及網路營銷策略。本章重點掌握內容：網路營銷方式、網路營銷定價策略、搜索引擎營銷。

　　1. 市場營銷過程就是首先確定目標消費者，然後制定相應的市場營銷組合。營銷中的「4P」是將企業及其產品擺在第一位，從企業的角度考慮生產什麼產品、產品價格如何制定以及產品的銷售渠道等的營銷理念。「4C」是迎合電子商務時代的營銷策略，從「4P」的產品向「4C」的顧客需求轉變，考慮市場情況和自身實力，最大化滿足顧客需求，並提供滿足顧客需求的個性化服務，根據消費者需求開發和改進產品包裝，並提供顧客需要的物流服務。從「4P」的價格向「4C」的成本轉變，定價目標由實現廠商利潤最大化變成最大限度地滿足顧客需求並實現利潤最大化，通過與消費者溝通，根據消費者和市場需求，瞭解顧客網上購物的心理價位，客觀科學地計算出顧客滿足在線購物需求所願意付出的成本。從「4P」的地點向「4C」的便利轉變，由傳統的生產者—批發商—零售商—消費者的渠道組織轉變為通過網路直接連接生產者和消費者，不受時間和空間限制進行在線銷售，通過網路處理訂貨單，並提供第三方物直接將商品送到客戶手中，讓消費者享受方便快捷的網上購物服務。從「4P」的促銷向「4C」的溝通轉變，企業進行促銷的手段主要有廣告、公共關係、人員推銷和營業推廣，企業的促銷策略實際上是各種促銷手段的有機結合。

　　2. 網路營銷是以互聯網為媒體，以新的方式、方法和理念實施的營銷活動，能有效促成個人和組織交易活動的實現。網路營銷具有全球性、交互性、商品多樣性等特點。網路營銷主要方式有：搜索引擎營銷、交換連結、網路廣告、博客營銷、在線商店、網上店鋪、病毒性營銷、論壇營銷、即時通信工具營銷、郵件營銷、網路商品交易中心及微博營銷等不同類型。

　　3. 每個企業都要把顧客分為不同的組別，並對每個組進行不同的營銷信息的傳遞。對市場特定的目標顧客群的確定，以及對這些不同群體採用的不同廣告策略稱為市場細分。企業營銷策略制定者在進行市場細分時一般有三種分類方法：地域細分法、人口統計學細分法以及心理學細分法。

　　4. 企業市場營銷的目標就是在企業與顧客間建立密切的聯繫。良好的購物經驗有助於建立顧客對企業產品的忠誠度。顧客與企業的忠誠度關係發展有五個階段，分別是意識、探索、熟悉、忠誠以及分離階段。在這五個階段中，忠誠階段顧客與企業關係的密切程度最高。

　　5. 網路廣告的形式主要有：旗幟廣告、按鈕廣告、競價排名廣告、彈出廣告、通欄廣告、全屏廣告等。

6. 搜索引擎營銷是企業利用一些方法來提高自己在搜索引擎中的排名。搜索引擎營銷一般會採用兩種方法，一種方法是競價排名，另一種方法是 SEO。搜索引擎競價排名和網站 SEO 各有千秋，每個企業可以根據預算情況進行選擇，如果預算充足的企業，可以考慮先做競價排名一段時間，在這個時間內同時進行網站 SEO 的工作，並根據企業網站 SEO 後的關鍵詞排名情況，實施調整競價策略。這樣可以很好的過渡，不會對營銷造成影響，對於任何企業而言，營銷效果都是第一位的，不管是進行 SEO 還是競價排名對效果進行綜合評估就非常重要了。

7. 網路營銷中的定價策略主要包括低價定價策略（包括直接低價定價策略、折扣定價策略和促銷定價策略）、定制生產定價策略、使用定價策略、拍賣競價策略以及免費價格策略等類型。

本章習題

單項選擇題

1. 企業開展網路營銷的根本目的是（ ）。
   A. 滿足顧客需求　　　　　　B. 實現利潤最大化
   C. 銷售商品　　　　　　　　D. A 和 B
2. 充分利用網頁製作中超文本連結功能形成的最常見的長條形廣告是（ ）。
   A. 橫幅廣告　　B. 按鈕廣告　　C. 彈出廣告　　D. 文字廣告
3. 以下網路促銷形式中主要的也是企業首選的促銷形式是（ ）。
   A. 銷售促進　　B. 網路廣告　　C. 站點推廣　　D. 關係營銷
4. 人們在互聯網上收集資料，目前遇到的最大困難是（ ）。
   A. 信道擁擠
   B. 信息量過少
   C. 如何快速、準確地從信息資料中找到自己需要的信息
   D. 語言障礙

多項選擇題

1. 傳統營銷學中的「4P」組合包括以下哪幾項（ ）。
   A. 定位（Position）　　　　　B. 產品（Product）
   C. 分銷（Place）　　　　　　D. 促銷（Promotion）
2. 網路營銷學中的「4C」組合包括以下哪幾項（ ）。
   A. 顧客需求（Consumer）　　B. 成本策略（Cost）
   C. 方便購買（Convenience）　D. 用戶溝通（Communication）

3. 下列網站哪些是使用較多的中文搜索引擎（　　　）。
   A. http://www.sohu.com　　　　B. http://search.sina.com.cn
   C. http://www.baidu.com　　　　D. http://www.yahoo.com
4. 網路廣告的類型有（　　　）。
   A. 旗幟廣告　　B. 按鈕型廣告　　C. 電子郵件廣告　D. 新聞式廣告

判斷題

1. 網路營銷站點推廣就是利用網路營銷策略擴大站點的知名度，吸引網上流量訪問網站，起到宣傳和推廣企業產品的效果。
2. 關係營銷是通過借助互聯網的交互功能吸引用戶與企業保持密切關係，培養顧客忠誠度。
3. 在網頁上可以移動的小型圖片廣告，稱為旗幟廣告。

簡答題

以下哪些是「4P」的理念、哪些是「4C」的理念，並且分別說明是「4C」或者「4P」中的哪條理念？

1. 企業在設計新產品前進行市場調查，以確定其目標顧客群對產品功能的需要，並據此對新產品的功能進行定位。
2. 企業在生產成本基礎上，加上一定的生產利潤和銷售利潤，對產品進行定價。
3. 戴爾決定通過其網站直接面向顧客提供定制化電腦的定購和銷售。
4. 某方便面廠家每週末都在高校設點進行促銷。
5. 一段時間某藥品企業在網上的廣告全是公益廣告，宣傳其企業的慈善事業與文化理念。並在網上召開消費者聯誼會。
6. 李麗接到某策劃部電話，其某房產項目策劃人員約她去面談，並填寫需求調查表。調查的主要內容是如果購買該項目，自己對該項目功能的需求和心理價位。
7. 競爭對手研發生產了新產品，我的企業也能製造和生產，我也將開發製造類似產品與其競爭。

簡述題

1. 請簡述搜索引擎營銷的特點及優缺點。
2. 簡述目前主要的中英文搜索引擎，並在網上查詢搜索引擎營銷相關知識。
3. 對競價排名的穩定性進行簡單說明。
4. 通過網路營銷的幾個基本環節，即網路調查、網路廣告以及營銷策劃書，說明對網路營銷的理解。
5. 請簡述網路廣告的主要類型。

3 電子支付

3.1　常用支付方式

3.1.1　現金

在現金交易中，買賣雙方處於同一位置，而且交易是匿名進行的。賣方不需要瞭解買方的身分，因為現金本身是有效的，其價值由發行機構加以保證。現金具有使用方便和靈活的特點，很多交易都是通過現金來完成的，現金的交易流程如圖 3.1 所示。

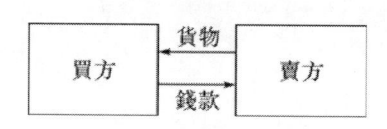

圖 3.1　現金交易流程圖

從圖 3.1 中可以看出，現金交易方式的程序非常簡單，即一手交錢，一手交貨。交易雙方在交易結束後立即就可以實現其交易目的：賣方用貨物換取現金，買方用現金買到貨物。

然而，這種交易顯然也存在一些固有的缺陷：第一，現金交易受時間和空間的限制，因為一手交錢一手交貨的方式只適合買賣雙方在同時同地進行的交易，對於不在同一時間及同一地點進行的交易，就無法採用現金支付的方式。第二，現金表面金額是固定的，這意味著如果要使用現金交易，則在大宗交易中需攜帶大量的現金，顯然這非常不方便，這種攜帶的不便性以及由此產生的不安全性在一定程度上限制了現金作為支付手段的功能。

3.1.2　票據

票據一詞，可以從廣義和狹義兩種意義上來理解。廣義的票據包括各種記載一定文字、代表一定權利的文書憑證，如股票、企業債券、貨單、車船票、匯票、國庫券、發票等，人們籠統地將它們稱為票據；而狹義的票據是一個專用名詞，專指票據法所規定的匯票、本票和支票等票據。

支票交易流程圖如圖 3.2 所示，匯票交易流程與支票交易大體相同。票據本身的特性決定了交易可以異時、異地進行，這樣就突破了現金交易同時同地的局限，大大增加了交易實現的機會。此外，票據所具有的匯兌功能也使得大宗交易成為可能。雖然和現金交易相比具有很多優勢，但票據本身也存在一些不足，如票據的偽造、遺失等都可能帶來一系列的問題。

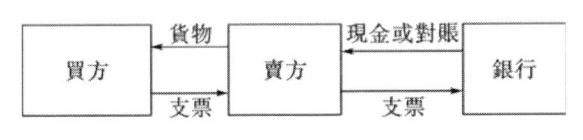

圖 3.2　支票交易流程圖

3.1.3　銀行卡

信用卡和借記卡是銀行或金融公司發行的，是授權持卡人在指定的商店或場所進行記帳消費的憑證，是一種特殊的金融商品和金融工具。信用卡和借記卡都是比較成熟的支付方式，在世界範圍內得到了廣泛的應用。

目前，中國在線購物大部分也是用信用卡和借記卡來進行支付的。

3.1.3.1　信用卡

信用卡是一種非現金交易付款的方式，是由銀行或金融公司發行的，授權持卡人在指定的商店或場所進行記帳消費的信用憑證。持卡人持信用卡消費時無須支付現金，待結帳日時再行還款。

圖 3.3 是信用卡交易流程圖。

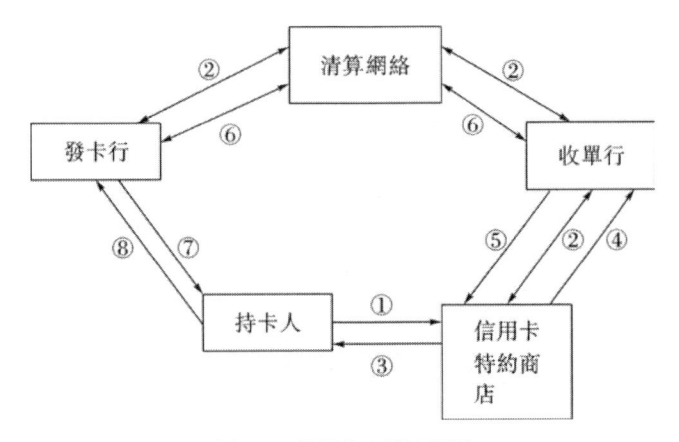

圖 3.3　信用卡交易流程圖

圖中：①表示持卡人到信用卡特約商家處消費。②表示特約商家向收單行發出請求，要求支付授權，收單行通過信用卡組織向發卡行要求支付授權。③表示特約商家向持卡人確認支付金額與密碼。④表示特約商家向收單行請款。⑤表示收單行付款給特約商家。⑥表示收單行與發卡行通過信用卡組織的清算網路進行清算。⑦表示發卡行給持卡人寄帳單。⑧表示持卡人還款。

3.1.3.2　借記卡

銀行借記卡是指商業銀行向個人和單位發行的，憑此向特約單位購物、消費和向

銀行存取現金的銀行卡。使用借記卡可以在商店刷卡消費，刷卡時直接由存款帳戶扣款，持卡人在使用借記卡支付前需要在卡內預存一定的金額，不能透支或動用循環利息等，帳戶內的金額按活期存款計付利息。

圖3.4是借記卡交易流程圖。

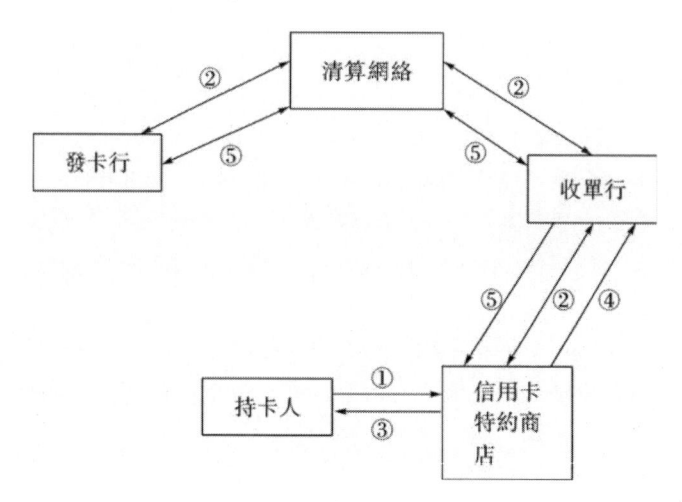

圖3.4　借記卡交易流程圖

圖中：①表示持卡人到信用卡特約商家處消費。②表示特約商家向收單行要求支付授權，收單行向發卡行驗證卡號、密碼及帳戶金額。③表示特約商家向持卡人確認支付金額與密碼。④表示特約商家向收單行請款。⑤表示收單行從發卡行的持卡人帳戶劃撥資金到特約商家。

3.2　電子支付概述

3.2.1　電子支付的特徵

所謂電子支付，是指消費者、廠商與金融機構等從事電子商務交易的當事人，通過信息網路，使用安全的信息傳輸手段，採用數字化方式進行的貨幣支付或資金流轉。與傳統的支付方式相比，電子支付具有如下特徵：

(1) 電子支付的工作環境是基於如互聯網的開放的系統平臺之上，而傳統支付則是在較為封閉的系統中運作，如銀行系統的專用網路。

(2) 電子支付是採用先進的信息技術來進行信息傳輸，其各種支付方式均採用數字化方式進行；而傳統的支付方式則是通過現金的流轉、票據的轉讓及銀行的匯兌等物理實體的流轉和信息交換來完成的。

(3) 電子支付方便、快捷、高效、經濟。用戶足不出戶便可在很短的時間內完成整個支付過程。

(4) 電子支付使用的是最先進的通信手段，如因特網、外聯網（Extranet）等，且對軟、硬件設施的要求很高，一般要求有聯網的微機、相關的軟件及其他一些配套設施；而傳統支付使用的則是傳統的通信媒介，對軟、硬件設施沒有這麼高的要求。

3.2.2 電子支付的發展階段

電子支付的發展可以劃分為五個不同階段。

第一階段是銀行利用計算機處理銀行之間的業務，辦理結算。

第二階段是銀行計算機與其他機構計算機之間資金的結算，如代發工資，代交水費、電費、煤氣費、電話費等業務。

第三階段是利用網路終端向用戶提供各項銀行服務，如用戶在自動櫃員機（ATM）上進行取、存款操作等。

第四階段是利用銀行銷售點終端（POS）向用戶提供自動扣款服務。

第五階段即網上支付是其最新發展階段，該階段將第四階段的電子支付系統與互聯網進行整合，實現電子支付可隨時隨地通過互聯網路進行直接轉帳結算，形成電子商務交易支付平臺。因此，這一階段的電子支付一般又被稱為網上電子支付。網上電子支付就是電子商務環境下的在線支付方式。網上支付的形式即網上支付工具，主要包括信用卡、電子現金、電子支票等。

> **小知識：銷售終端（POS）**
>
> 銷售終端（POS）是一種多功能終端，把它安裝在信用卡的特約商戶和受理網點中與計算機聯成網路，就能實現電子資金自動轉帳。它具有支持消費、預授權、餘額查詢和轉帳等功能，使用起來安全、快捷、可靠。
>
> 它主要有以下兩種類型：
>
> （1）消費POS，具有消費、預授權、查詢支付名單等功能，主要用於特約商戶受理銀行卡消費。
>
> （2）轉帳POS，具有財務轉帳和卡卡轉帳等功能，主要用於單位財務部門。
>
> 其中消費POS的手續費如下：①航空售票、加油、大型超市一般扣率為消費金額的0.5%。②藥店、小超市、批發部、專賣店、診所等POS刷卡消費額不高的商戶，一般扣率為消費金額的1%。③賓館、餐飲、娛樂、珠寶首飾、工藝美術類店鋪一般扣率為消費金額的2%。④房地產、汽車銷售類商戶一般扣率為固定手續費，按照POS消費刷卡筆數扣收，每筆按規定不超過40元。

3.2.3 電子商務環境下的支付方式

電子商務環境下的支付方式主要有兩大類：一是在線電子支付，二是線下支付。在線電子支付即網上支付，買方在互聯網上直接完成款項支付。線下支付是傳統的電子商務支付方式，主要包括貨到付款以及通過郵局、銀行匯款。線下支付方式由於存在付款週期長、手續繁瑣等問題，一直無法適應電子商務發展需要，一定程度上反而削弱了電子商務的優勢，阻礙其持續發展。

3.2.3.1 銀行卡在線轉帳支付

銀行卡包括信用卡和借記卡等，客戶可使用銀行卡隨時、隨地完成在線安全支付操作，有關的個人信息、信用卡及密碼信息經過加密後直接傳送到銀行進行支付結算。

銀行卡在線支付是目前中國應用非常普遍的電子支付模式。付款人可以使用已經申請了在線轉帳功能的銀行卡（包括借記卡和信用卡）轉移小額資金到收款人的銀行帳戶中，完成支付過程。

3.2.3.2 電子現金

電子現金（E-Cash）又稱為數字現金，是一種以數據形式存在的現金貨幣。它把現金數值轉化為一系列的加密序列數，通過這些序列數來表示現實中各種金額的幣值，是以數字化形式存在的電子貨幣。電子現金的應用開闢了一個全新的市場，用戶在開展電子現金業務的銀行開設帳戶，並在帳戶內存錢後，就可以在接受電子現金的商店購物。電子現金不同於銀行卡，它具有手持現金的基本特點。在網上交易中，電子現金主要用於小額零星的支付業務，使用起來比借記卡、信用卡更為方便和節省。

電子現金既具有現鈔所擁有的基本特點，又由於和網路結合而具有互通性、多用途、快速簡便等特點，已經在國內外的網上支付中廣泛使用，而其安全性也由於數字簽名技術的推廣應用而有了很大提高。

目前，在中國電子現金方面的開發和應用與國外比還有很大差距，實際網路交易中使用電子現金的交易也不多，原因在於：第一，只有少數商家接受電子現金，而且只有少數幾家銀行提供電子現金開發服務。第二，電子現金對於軟件和硬件的技術要求都較高，需要一個大型的數據庫存儲用戶完成的交易和電子現金序列號以防止重複消費，因而成本較高，因此，尚需開發出硬軟件成本低廉的電子現金。第三，由於電子貨幣仍然以傳統的貨幣體系為基礎，在進行跨國交易的時候還必須使用特殊的兌換軟件。第四，風險較大。如果某個用戶的硬盤出現故障並且沒有備份的話，電子現金丟失，就像丟失鈔票一樣，錢就無法恢復，這個風險許多消費者都不願承擔。第五，不排除出現電子偽鈔的可能性。一旦電子偽鈔獲得成功，那麼發行人及其客戶所要付

出的代價則可能是毀滅性的。

儘管存在種種問題，電子現金的使用仍呈現增長勢頭。隨著較為安全可行的電子現金解決方案的出台，電子現金一定會像商家和銀行界預言的那樣，成為未來網上交易方便安全的支付手段。

3.2.3.3 電子支票

電子支票是客戶向收款人簽發的無條件的數字化支付指令。它可以通過因特網或無線接入設備來完成傳統支票的所有功能。電子支票是以紙基支票的電子替代品而存在的，用來吸引不想使用現金而願意使用信用方式的個人和公司。電子支票的安全和認證工作是由公開密匙算法的電子簽名來完成的。它的運用使銀行介入到網路交易中，用銀行信用彌補了商業信用的不足。

電子支票是一種借鑑紙張支票轉移支付的優點，利用數字傳遞將錢款從一個帳戶轉移到另一個帳戶的電子付款形式。比起前幾種電子支付工具，電子支票的出現和開發是較晚的。電子支票使得買方不必使用寫在紙上的支票，而是用寫在屏幕上的支票進行支付活動。電子支票幾乎和紙質支票有著同樣的功能。電子支票既適合個人付款，也適合企業之間的大額資金轉帳，故而可能是最有效率的電子支付手段。

用戶可以在網路上生成一個電子支票，然後通過互聯網路將電子支票發向商家的電子信箱，同時把電子付款通知單發到銀行。像紙質支票一樣，電子支票需要經過數字簽名，被支付人數字簽名背書，使用數字憑證確認支付者或接收者身分、支付銀行以及帳戶，金融機構就可以根據簽過名和認證過的電子支票把款項轉入商家的銀行帳戶。

如今在一些國家，由於信息安全技術的應用以及紙質支票的處理成本較高、支付速度慢等原因使得紙質支票的使用已逐步減少，電子支票的使用正逐漸增加。但在國內，由於普通消費者大多對票據的使用不甚瞭解，再加上中國網上支付的相關法規不健全及金融電子化的發展程度和市場需求問題，使得在網上交易中電子支票的應用尚是空白。

3.2.3.4 移動支付

（1）移動支付的概念。移動支付也稱為手機支付，就是允許用戶使用其移動終端（通常是手機）對所消費的商品或服務進行帳務支付的一種服務方式。整個移動支付價值鏈包括移動營運商、支付服務商（比如銀行、銀聯等）、應用提供商（公交、校園、公共事業等）、設備提供商（終端廠商、卡供應商、芯片提供商等）、系統集成商、商家和終端用戶。

移動支付可分為近場支付和遠程支付兩種。所謂近場支付，就是用手機刷卡的方式坐車、買東西等，很便利。遠程支付是指通過發送支付指令（如網銀、電話銀行、

手機支付等）或借助支付工具（如通過郵寄、匯款）進行的支付方式。目前支付標準不統一給移動支付的推廣工作造成了很多困難。

（2）國內外移動支付業務的應用。國外移動通信營運商早已推出手機小額支付服務。在英國的赫爾市，愛立信公司開發的手機支付服務允許汽車駕駛員使用手機支付停車費。用戶把汽車停在停車場之後，即可用手機接通收費系統。在芬蘭南部城市科特卡，客戶通過芬蘭的移動支付系統，使用手機支付貨款簡單易行。瑞典的 Paybox 公司，在德國、瑞典、奧地利和西班牙等幾個國家成功推出了手機支付系統之後，又在英國推出無線支付系統。此外在澳大利亞悉尼，消費者可用手機撥號買飲料；在瑞典，手機用戶可在自動售貨機上買汽水；在日本，觀眾可以通過手機預訂電影票；在諾基亞總部，雇員可用手機付帳喝咖啡等。

在國內，中國移動通信公司（以下簡稱中國移動）較早地開展了手機支付業務的試點。2001 年 6 月，深圳移動通信公司與深圳福利彩票發行中心合作建設了手機投注系統，開通了深圳風采手機投注業務；2001 年 10 月，中國移動與中彩通網站合作，嘗試推出世界杯手機投注足球彩票業務；從 2002 年開始，移動電子支付（簡稱移動支付）就已經成為移動增值業務中的一個亮點。2002 年 5 月，中國移動開始在浙江、上海、廣東、福建等地進行小額支付試點，引起了很多方面的興趣，尤其是以中國銀聯為主的金融機構表現出對該業務的極大關注。2003 年起，各地移動通信公司紛紛推出相應的移動支付業務。

（3）移動支付的優點和潛力。移動支付的最大特色就是它在操作上的便捷。這一支付方式不僅大大方便了消費者，而且必將引起商業領域的深層變革。移動支付作為一種嶄新的支付方式，具有方便、快捷、安全、低廉等優點，將會有非常大的商業前景，而且將會引領移動電子商務和無線金融的發展。手機付費是移動電子商務發展的一種趨勢，它包括手機小額支付和手機錢包兩大內容。手機錢包就像銀行卡，可以滿足大額支付，通過把用戶銀行帳戶和手機號碼進行綁定，用戶就可以通過短信息、語音、GPRS 等多種方式對自己的銀行帳戶進行操作，實現查詢、轉帳、繳費、消費等功能，並可以通過短信等方式得到交易結果通知和帳戶變化通知。

與傳統支付手段相比，移動支付操作簡單、方便快捷，有了移動支付，用戶點擊鍵盤即可輕鬆完成一筆交易。而且，憑藉銀行卡和手機 SIM 卡的技術關聯，用戶還可以用無線或有線 POS 打印消費單據，帳目信息一目了然。

目前，中國已成為全球最大的移動市場，手機用戶數超過十億，而在眾多的手機用戶中，同時擁有銀行卡的可能會超過一半，即使十分之一的手機用戶嘗試移動購物，也會是一個巨大的市場。一旦移動支付在中國普及，即使是那些目前暫無固定收入的在校大學生，也會接受這種全新的消費方式進行購書等電子商務交易。移動支付

市場在中國的前景一片光明。從消費者購買行為來看，消費者在商場、超市等零售賣場進行購物時使用手機支付也應是符合市場發展規律和現代人生活方式的一種未來趨勢。

（4）移動支付的方法。移動支付的方法主要有兩種：一種是網上支付，即用戶在網站上購物時，可以使用手機支付帳戶完成交易；第二種是短信支付，即用戶選定商品後，將「商品編號」發送到商戶指定的特定的號碼下訂單，回覆「Y」直接支付，支付成功後會收到手機支付平臺發送的確認信息。

（5）移動支付方式的展望。移動支付能否得到推廣和普及，最終取決於廣大手機用戶是否認同。中國人最根深蒂固的消費習慣是一手交錢一手交貨。而電子支付則是互不見面，完全是一種虛擬交易方式。對於那些習慣於傳統交易方式的消費者來說，採用移動支付購物，可能一開始會感到心裡不踏實，對支付的安全性比較擔心。一方面會擔心交易對方的誠信度，害怕賣方在交易中不守信用，錢已經劃出去了，卻收不到商品，或者遇到不誠信的賣家，雖然收到商品，但商品以次充好；另一方面，擔心網路黑客竊取自己帳戶上的錢財。可見，要消除用戶對移動支付的擔心，關鍵在於技術上加強安全防範，培育移動支付市場，安全乃是第一要素。

只要在信用安全、手續費用、快捷程度以及和零售企業方的合作問題得到有效的解決，消費者在傳統購物時使用手機支付這一移動支付新方式的可能性就會很大。通過國內、國外的實踐，人們完全有理由相信手機支付將在未來大有作為，並成為傳統支付手段的一種有效補充。無論如何，移動支付具備了現金支付和銀行卡支付的各種優勢，會隨著手機用戶穩步增長的速度而日益發展，移動手機支付必將成為人們生活購物方式的一種潮流。

3.2.4 中國電子商務環境下的主要支付方式

由於中國人有一手交錢一手交貨的消費習慣，因此，目前中國電子商務的支付方式中，傳統的線下支付方式（如貨到付款）仍然佔有相當的比例。而隨著支付寶為代表的第三方支付平臺的建立，打通了阻礙中國電子商務發展的在線支付這一瓶頸，通過支付寶等進行在線支付的電子商務交易也正在不斷增加。

現階段，中國電子商務環境下的主要支付方式有以下幾種：

（1）匯款。銀行匯款或郵局匯款是一種傳統支付方式，屬於網下支付，避免了諸如黑客攻擊、帳號洩漏、密碼被盜等問題。但無法防止賣方收到貨款之後否認和抵賴的發生。同時，消費者需親自到銀行或郵局辦理相關手續並支付一定費用，無法實現電子商務低成本、高效率的優勢。因此，匯款這一支付方式並不適應電子商務的長期發展。但由於有的用戶對電子支付方式的排斥，匯款這種電子商務環境中的支付方式

作為電子支付的補充形式在中國還依然存在。

（2）貨到付款。又稱送貨上門，指買方在網上訂貨後由賣方送貨至買方處，經買方確認後付款的支付方式。由於這種方式順應了國人一手交錢一手交貨的消費習慣，因此，這種方式對買方來說具有安全感。目前，中國很多購物網站（如當當網）都提供這種支付方式。貨到付款可以說是一個充滿中國特色的電子商務支付、物流方式，它既解決了中國網上零售行業的支付和物流兩大難題，又培養了客戶對網路購物的信任。對於這種支付方式，雖然消費者無需支付額外的交易佣金，但是將支付與物流結合在一起會存在很多問題，此外，這種方式太過依賴於物流，因此，若物流方面出現問題，支付也將受到影響。而且這種方式和匯款一樣不能真正發揮電子商務的優勢，不適應電子商務的長期發展需要。但對於有電子商務交易需求卻又對網上支付不信任或者不習慣的買方，貨到付款提供了中國電子商務環境中買方支付方式的有效選擇。

（3）網上支付。這是電子支付的高級方式，它以互聯網為基礎，利用銀行所支持的某種數字金融工具，發生在購買者和銷售者之間的金融交換，從而實現從購買者到金融機構、商家之間的在線貨幣支付、現金流轉、資金清算、查詢統計等過程，由此為電子商務和其他服務提供金融支持。隨著電子商務的深入發展，網上支付將是一個極有潛力的發展點。目前，中國電子商務交易尤其是C2C等交易中，使用第三方支付平臺進行的網上支付比例日漸上升。

（4）第三方支付平臺結算支付。為了建立網上交易雙方的信任關係，保證資金流和貨物流的順利對流，實行「代收代付」和「信用擔保」的第三方支付平臺應運而生，通過改造支付流程，起到交易保證和貨物安全保障的作用。第三方支付平臺指平臺提供商通過採用規範的連接器，在網上商家與商業銀行之間建立結算連接關係，實現從消費者到金融機構、商家之間的在線貨幣支付、現金流轉、資金清算、查詢統計等業務流程。一方面，消費者可以離線或在線在第三方開設帳號，避免信用卡信息在開放的網路上多次傳送，降低信用卡資料被盜的風險；另一方面，利用第三方支付平臺可以有效避免電子交易中的退換貨以及買賣雙方信用等方面的風險，為商家開展B2B、B2C、C2C等電子商務及增值服務提供了支付上的支持。

以阿里巴巴支付寶為例，最初是為了解決在其關聯企業淘寶網C2C業務中買家和賣家的貨款支付流程能夠順利進行，現在也推廣到阿里巴巴和其他許多網站使用。2004年以後，隨著阿里巴巴支付寶的發展，整個網上支付產業都被帶動起來了，支付寶模式為解決制約中國電子商務發展中的支付問題和信用體系問題提供了思路。

信用擔保型第三方支付平臺的第三方代收款制度，不僅保證了資金的安全轉讓，還可擔任貨物的信用仲介，從而約束交易雙方的行為，並在一定程度上緩解彼此對雙方信用的猜疑，增加對網上購物的可信度，大大減少了網路交易詐欺。

3.3 網上銀行

3.3.1 電子銀行和網上銀行

電子銀行是指通過因特網或公共計算機通信網路提供金融服務的銀行機構。電子銀行業務是指商業銀行等銀行業金融機構利用面向社會公眾開放的通信通道或開放型公眾網路，以及銀行為特定自助服務設施或客戶建立的專用網路，向客戶提供的銀行服務。

電子銀行業務包括四個部分：第一部分，利用計算機和互聯網開展的銀行業務（簡稱網上銀行業務）；第二部分，利用電話等聲訊設備和電信網路開展的銀行業務（簡稱電話銀行業務）；第三部分，利用移動電話和無線網路開展的銀行業務（簡稱手機銀行業務）；第四部分，其他利用電子服務設施和網路，由客戶通過自助服務方式完成金融交易的銀行業務。

可見，網上銀行是電子銀行的一種業務。網上銀行又稱網路銀行、在線銀行，是指銀行利用互聯網技術，通過互聯網向客戶提供開戶、查詢、對帳、行內轉帳、跨行轉帳、信貸、網上證券、投資理財等傳統服務項目，使客戶可以足不出戶就能夠安全便捷地管理活期和定期存款、支票、信用卡及個人投資等。

網上銀行業務打破了傳統銀行業務的地域和時間限制，具有 3A 特點，即能在任何時候（Anytime）、任何地方（Anywhere）、以任何方式（Anyhow）為客戶提供金融服務。網上銀行業務既有利於吸引和保留優質客戶，又能主動擴大客戶群，開闢新的利潤來源。

3.3.2 中國網上銀行的建設與發展

招商銀行是國內較早開展網上業務的銀行。1997 年 2 月，招商銀行在因特網上推出了自己的主頁及網上轉帳業務，在國內引起極大反響。在此基礎上，招商銀行又推出了「一網通」網上業務，包括「企業銀行」「個人銀行」和「網上支付」三種服務。該項目的推出，大大促進了招商銀行的網站建設，樹立了招商銀行的網上形象，使招商銀行在短短幾年中成為國內網上銀行的排頭兵。

中國銀行也是中國較早開展網上業務的銀行，20 世紀 90 年代中後期，中國銀行認識到因特網是未來銀行賴以進行客戶服務的最好的物質基礎，網上銀行會帶來一場深刻的銀行業革命。最初，中國銀行網頁主要用於發布中國銀行的廣告信息和業務信息，進行全球範圍的通信。在以後的幾年裡，中國銀行逐步開展了家庭銀行、信用卡、商業銀行等網上業務。

1999年，建設銀行啓動了網上銀行，並在中國的北京、廣州、成都、深圳、重慶、寧波和青島進行試點，這標誌著中國網上銀行建設邁出了實質性的一步。

近年來，中國中國銀行、建設銀行、工商銀行等陸續推出網上銀行，開通了網上支付、網上自助轉帳和網上繳費等業務，初步實現了在線金融服務。

3.3.3　網上銀行的特點

網上銀行具有以下特點：

（1）服務方便、快捷、高效。通過網路銀行，用戶可以享受到方便、快捷、高效的全方位服務。任何需要的時候使用網路銀行的服務，不受時間、地域的限制，即實現3A服務（Anywhere, Anyhow, Anytime）。

（2）功能豐富、提供個性化服務。網上銀行可以打破傳統銀行的部門局限，綜合客戶的多種需求，提供多種類型的金融服務，如信用卡業務、儲蓄業務、融資業務、投資業務、居家服務、理財服務、信息服務等。利用互聯網和銀行支付系統，容易滿足客戶諮詢、購買和交易多種金融產品的需求，客戶除辦理銀行業務外，還可以很方便地進行網上買賣股票債券等，網上銀行能夠為客戶提供更加合適的個性化金融服務。

（3）操作簡單，易於溝通。客戶使用網上銀行服務，只需到銀行營業網點登記，填寫有關表格就可獲得功能強大的銀行服務。在使用中，網上銀行以登錄卡為主線，可為不同類型的帳戶申請不同功能，並可在線對各種帳戶的各項功能進行修改。而且採用網上銀行提供的多種通信方式，也便於客戶與銀行之間以及銀行內部進行有效溝通。

（4）無時空限制。網上銀行可以提供跨區域和全天候的服務，即可以在任何時候、任何地點、以任何方式為客戶提供金融服務，超越了傳統銀行受時間、地點、人員等多方面的限制，有利於擴大客戶群體。

（5）信息共享。網上銀行通過互聯網可以更廣泛地收集和分析最新的金融信息，並以快捷便利的方式傳遞給網路銀行客戶。由於網路資源的全球共享性，使銀行與客戶之間都能相互全面瞭解對方的信用及資產狀況，從而大大減少了信用風險和道德風險，降低傳統銀行業務的交易成本。

（6）全面實現無紙化交易，提高效率、降低經營成本。使用網上銀行後，以前使用的票據和單據大部分被電子支票、電子匯票和電子收據所代替；原有的紙幣被電子貨幣，即電子現金、電子錢包、電子信用卡所代替；原有紙質文件的郵寄變為通過數據通信網路進行傳送，提高了銀行後臺系統的效率。而且由於採用了虛擬現實信息處理技術，網路銀行可以在保證原有的業務量不降低的前提下，減少物理的分支機構或

營業網點數量，減少了人員費用，降低經營成本，有效提高銀行盈利能力。

3.3.4 網上銀行產生的原因

（1）網上銀行產生的原動力。在網上首先運行的是信息流。大規模的網上信息流動必然帶來新的物流的產生。而物資的交換又必須以支付活動為基礎，由此而產生網上資金流。信息流、物流和資金流相互融通構成了新型的「網上經濟」。網上有了資金流的需求，也就有了網上銀行產生的原動力。

（2）電子商務催生網上銀行。電子商務的最終目的是通過網路實現網上信息流、物流和資金流的三位一體，從而形成低成本、高效率的商品及服務交易活動。在線電子支付是電子商務的關鍵環節，也是電子商務得以順利發展的基礎條件。

（3）生存環境迫使傳統銀行發展網上銀行。傳統的銀行業務競爭越來越激烈。傳統銀行面臨著競爭對手的增加、員工工資成本的提高、客戶需求的變化等多重壓力。面對嚴峻的現實，傳統銀行只有擴大服務範圍、提高服務質量，才能在激烈的競爭中立於不敗之地。網路技術的廣泛應用，虛擬市場的開闢，為傳統銀行帶來新的機遇。為了自身的生存和發展，傳統銀行需要盡可能快地拓展電子銀行服務。

（4）銀行信息化建設為電子銀行的發展奠定了基礎。網上銀行作為一種新型的銀行產業組織形式，是傳統銀行業務在網上的延伸和拓展，它仍然沒有脫離「銀行」的範疇。傳統銀行的信息化改造為網上銀行的發展提供了雄厚基礎。

第一，傳統銀行已經在過去投入了巨額資金，計算機網路信息系統建設也粗具規模，具有較強的技術和設備基礎可供利用。

第二，傳統銀行提供電子銀行和網上銀行業務，增加了對客戶服務的渠道，它能夠提升銀行的競爭實力，但不會影響銀行現階段的業務結構和盈利結構。

第三，傳統銀行經過多年的金融創新，發展了一系列的電子金融產品，為電子銀行與網上銀行的發展奠定了基礎。

第四，傳統銀行發展網上銀行業務，有龐大的客戶群體可供利用，它可以逐漸引導客戶進入網路交易模式，逐步培育其客戶群體。

3.3.5 網上銀行的監管

隨著網上銀行業務品種的不斷增加和業務量的快速上升，網上銀行業務的經營風險也隨之擴大。加強對網上銀行業務的監管，進一步增強商業銀行發展網上銀行業務的風險控制能力，成為銀行監管機構的一項重要任務。

3.4 電子商務網上支付解決方案

3.4.1 銀行網上支付平臺

各大銀行正在不斷努力推出自己的網上銀行支付平臺，如工商銀行、建設銀行等銀行的網上支付平臺都較成熟，下面以工商銀行（以下簡稱工行）為例來介紹網上支付解決方案。

3.4.1.1 工行信用支付 B2B（仲介商城）服務平臺

工行為仲介商城提供了專用支付平臺，支持信用支付中 B2B 交易，買賣雙方在網站上進行交易時，工行在交易中承擔資金監管的責任，不參與交易流程控制，只根據有關交易規則進行資金劃轉、清算。

(1) 業務概述。信用支付功能是工行與特約單位合作共同為買賣雙方提供仲介的服務——商城在工行建立中間帳戶，工行負責對買賣雙方在商城交易的資金進行存管，並根據買賣雙方對交易的確認結果辦理資金清算。可實現訂單支付、查詢、退款、仲裁等功能。

(2) 適用對象。信用支付功能適用於希望借助工行為買賣雙方提供交易仲介（資金清算）與信用保障（資金存管）的仲介商城。

(3) 主要特色優勢。①信用支付交易中的資金不是進入商城一般結算帳戶而是進入商城在銀行的保證金帳戶暫存，經過客戶確認支付後才由銀行進行資金劃撥，確保買方資金帳戶安全；②引入仲裁機制，銀行在發生交易糾紛時將會按照仲裁結果進行資金劃撥，確保買賣雙方利益。

(4) 開辦條件。企業網上銀行註冊客戶，持有營業執照副本、國際域名註冊證、ICP 經營許可證、組織機構代碼證等複印件，經辦人員提供有效身分證件複印件即可開辦。

(5) 開通流程。

①尚未成為工行特約商戶的：

a. 領取《特約網站註冊申請書》及《電子商務業務客戶證書信息表》。

b. 攜帶如下材料到當地工商銀行網點辦理：營業執照副本及複印件、ICP 經營許可證、組織機構代碼證、經辦人員的有效身分證件、填寫完整的《特約網站註冊申請書》及《電子商務業務客戶證書信息表》《域名註冊證》複印件或其他對所提供域名享有權利的證明。

c. 在當地分行報工行總行審批。

d. 工行審核通過後，與工行協商簽訂《在線支付合作協議書》，隨後可收到工行的如下材料：測試證書，商戶開發軟件、接口及技術文檔、工行電子企業標誌。

e. 商戶進行技術開發。

f. 與銀行共同制定測試、投產計劃，準備業務測試環境（含商戶端及銀行端），申請測試卡，並進行如下測試：特約網站端的交易測試、客戶端支付交易、其他還需測試內容。

g. 測試通過後，提交測試報告，經銀行審核通過後收到銀行交來的正式 B2C 證書。

h. 與銀行共同進行購物、退貨等交易的系統驗證，驗證通過後，特約網站正式開通。

② 已經成為工行特約商戶的：

a. 簽訂的在線支付協議中未包含信用支付內容，還需要重新簽訂在線支付協議。

b. 填寫《中國工商銀行網上商城商戶變更（註銷）事項申請表》。

（6）服務渠道與時間，企業網上銀行為您提供 24 小時全天候服務。

（7）操作流程（如圖 3.5 所示）。

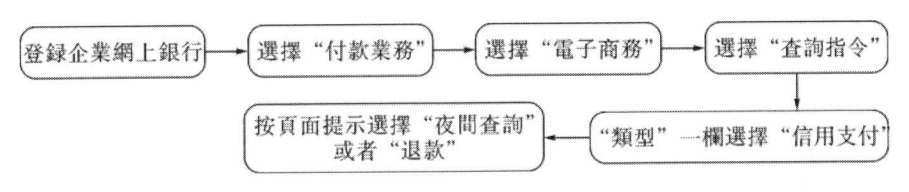

```
登錄企業網上銀行 → 選擇"付款業務" → 選擇"電子商務" → 選擇"查詢指令"
                                                              ↓
按頁面提示選擇"夜間查詢" ← "類型"一欄選擇"信用支付"
或者"退款"
```

（圖片來源於中國工商銀行網站）

圖 3.5　中國工商銀行信用支付 B2B（仲介商城）服務平臺操作流程圖

（8）注意事項。商城需要在工行開通保證金帳戶，專用於信用支付交易資金的過渡帳戶，商城對於該帳戶中的資金只能夠查詢，不能夠進行轉出等操作。

3.5.1.2　工行商城交易平臺

工行為企業客戶和其產品購買方提供在線交易結算平臺，並對其產品進行引導性展示的網上銀行支付平臺。

（1）適用對象。希望將自身商品通過工行網站商城平臺展現、銷售的客戶。

（2）特色優勢。①可享受工行龐大的客戶群資源，以及工行網站的廣告資源；②嵌入式商城模式，客戶可實現對商品信息自由發布、修改等操作。

（3）開辦條件。①成為工行特約網站客戶；②經營行為符合國家的相關法律法規、經營情況良好、信譽良好、在當地具有一定知名度。

（4）開通流程。①提交《營業執照》副本及複印件、《中國工商銀行交易推介業

69

務申請表》；②資料審核通過後與工行簽訂《中國工商銀行交易推介業務協議》；③為客戶開通交易推介業務。

(5) 服務渠道與時間：提供 24 小時全天候企業網上銀行服務。

3.5.1.3 工行在線支付平臺

(1) 業務概述。工行在線支付業務是為在電子商務平臺中進行商品銷售或貿易仲介提供在線資金結算服務的業務。通過在線支付業務，可實現對商品訂單的查詢、訂購、退款、返還、轉付等操作。

(2) 適用對象。自身網站銷售商品或提供交易仲介服務，並具有在線資金結算支持需求的客戶。

(3) 特色優勢。①即時收款，包括資金即時清算，即時入帳；②可支持多種電子商務模式，包括 B2B、B2C；③針對 B2C 等涉及個人客戶的交易，支持多種銀行卡類型，包括牡丹靈通卡、理財金帳戶、牡丹信用卡等；④多種應用渠道選擇，包括網上銀行、手機、電話；⑤交易和帳戶管理可通過商戶管理系統或企業財務系統實現。

(4) 開辦條件。①企業網上銀行註冊客戶；②營業執照副本、國際域名註冊證、ICP 經營許可證、組織機構代碼證等；③經辦人員有效身分證件；④申請成為工行特約商戶的資質需得到開戶行審核。

(5) 開通流程。第一，領取「特約網站註冊申請書」及「電子商務業務客戶證書信息表」。第二，攜帶如下材料到當地工商銀行網點辦理：①營業執照副本及複印件、ICP 經營許可證、組織機構代碼證；②經辦人員的有效身分證件；③填寫完整的「特約網站註冊申請書」及「電子商務業務客戶證書信息表」；④「域名註冊證」複印件或其他對所提供域名享有權利的證明。第三，工行審核通過後，與工行協商簽訂「在線支付合作協議書」，隨後可收到工行交給的如下材料：①測試證書；②商戶開發軟件、接口及技術文檔；③工行電子企業標示。第四，商戶進行技術開發。第五，與銀行共同制定測試、投產計劃，準備業務測試環境（含商戶端及銀行端），申請測試卡，並進行如下測試：①特約網站端的交易測試；②客戶端支付交易；③其他還需測試內容。第六，測試通過後，提交測試報告，經銀行審核通過后收到銀行交來的正式 B2C 證書。第七，與銀行共同進行購物、退貨等交易的系統驗證，驗證通過後，特約網站正式開通。

(6) 服務渠道與時間。企業網上銀行為客戶提供 24 小時全天候服務。

(7) 操作指南（如圖 3.6 所示）。

```
銷售
┌─────────┐     ┌──────────────────────┐     ┌─────────┐
│ 生成商品 │ →  │使用在櫃臺開通的電子證書進行交易│ →  │ 訂購成功 │
└─────────┘     └──────────────────────┘     └─────────┘

查詢
                    ┌──────────────────┐     ┌──────────────────────┐
                 ┌→│選擇"交易明細查詢"│ →  │選擇"指令類別"以查詢不同指令│
┌──────────────┐ │  └──────────────────┘     └──────────────────────┘
│登錄商戶管理系統│→┤
└──────────────┘ │  ┌──────────────┐
                 └→│ 選擇"退貨"管理 │
                    └──────────────┘
```

(圖片來源於中國工商銀行網站)

圖 3.6　工行在線支付平臺操作流程圖

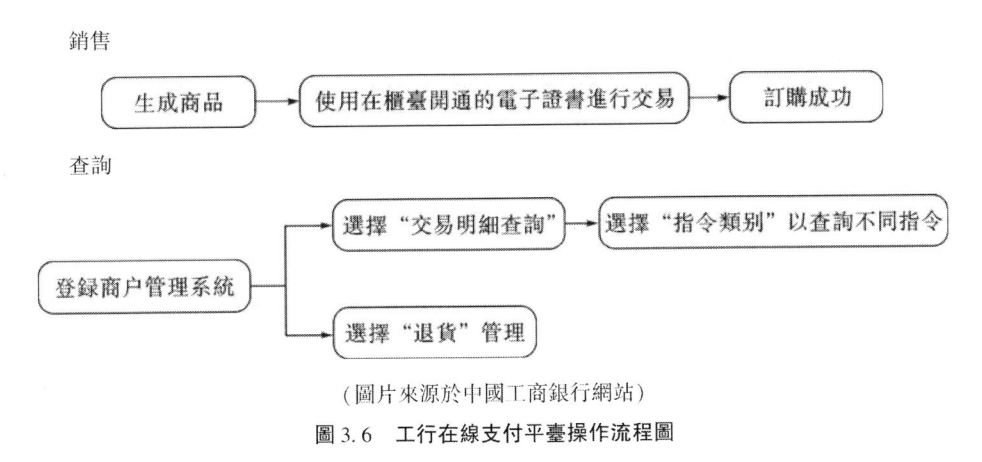

（8）注意事項。B2B、B2C 在買家支付後，工行將直接把貨款即時付給商城方，並由商城方進行資金劃撥。開通 wap 手機 B2C 的商城可辦理商旅業務與手機充值業務。

3.5.2　第三方網上支付平臺

2004 年之前，由於社會誠信體系不發達，電子商務交易中存在著詐欺風險，電子商務交易的誠信問題阻礙和束縛了中國電子商務的發展。2004 年，以支付寶為代表的第三方網上支付平臺的出現則推動了中國電子商務交易的發展，在一定程度上解決了中國電子商務交易中的誠信問題。

3.5.2.1　銀聯在線支付平臺

中國銀聯電子支付有限公司（ChinaPay）擁有中國銀聯的統一支付網關，其專業產品 OneLinkPay 解決了網上銀行卡的支付問題。OneLinkPay 主要針對網上支付系統而設計，採用了先進的安全數據加密技術，可以同時為商戶提供安全有效的網路連接，支持多種操作平臺和支付工具。

（1）操作流程。第一步，消費者瀏覽商戶網站，選購商品，放入購物車，進入收銀臺；第二步，網上商戶根據購物車內容，生成付款單，並調用 ChinaPay 支付網關商戶端接口插件對付款單進行數字簽名；第三步，網上商戶將付款單和商戶對該付款單的數字簽名一起交消費者確認；第四步，一旦消費者確認支付，則該付款單和商戶對該付款單的數字簽名將自動轉發至 ChinaPay 支付網關；第五步，支付網關驗證該付款單的商戶身分及數據一致性，生成支付頁面顯示給消費者，同時在消費者瀏覽器與支付網關之間建立 SSL 連接；第六步，消費者填寫銀行卡卡號、密碼和有效期（適合信用卡），通過支付頁面將支付信息加密後提交支付網關；第七步，支付網關驗證交易數據後，按照銀行卡交換中心的要求組裝消費交易，並通過硬件加密機加密後提交銀

行卡網路中心；第八步，銀行卡交換中心根據支付銀行卡信息將交易請求路由到消費者發卡銀行，銀行系統進行交易處理後將交易結果返回到銀行卡交換中心 ；第九步，銀行卡交換中心將支付結果回傳到 ChinaPay 支付網關；第十步，支付網關驗證交易應答，並進行數字簽名後，發送給商戶，同時向消費者顯示支付結果；第十一步，商戶接收交易應答報文，並根據交易狀態碼進行後續處理。

（2）支付平臺特點。①一次性連接多家商業銀行和金融機構，支持中國主要商業銀行發行的各類銀行卡種；②針對不同的業務模式，可度身設計支付結算方案，適用於電子商務支付業務；③支持交易加密驗證、轉發、對帳、查詢等功能，方便商戶快速入網、交易監控及事後處理。

（3）支持的交易品種。支持的交易品種包括網上消費、商戶單筆交易查詢、商戶多筆交易查詢以及商戶對帳等。

（4）支持的發送報文協議。明文：商戶與 ChinaPay 間採用 HTTP 協議。密文：商戶與 ChinaPay 間採用數字信封方式。SSL：商戶與 ChinaPay 間採用 HTTPS 協議。

（5）支持的業務範圍。銀聯在線支付業務支持消費類、預授權類、帳戶驗證和轉帳等交易類型，並提供互聯網支付通知功能，能夠廣泛應用於以下業務領域：

①網上購物：支持境內及跨境的網上商城購物，支持團購、秒殺等形式的購物網站。

②網上繳費：支持全國多個城市的公共事業繳費（水、電、燃氣、通信費、有線電視等）。

③商旅服務：支持全國多地區的酒店預訂、機票預訂等商旅預訂服務。

④信用卡還款：提供安全方便的在線信用卡跨行還款服務。

⑤網上轉帳：提供簡單快捷安全的網上跨行轉帳服務。

⑥微支付：支持 App Store 等電子商店的虛擬小額產品購買。

⑦企業代收付業務：手機自動繳費（帳單繳費）、有線和付費電視自動繳費、水電煤帳單自動繳費。

此外，還支持基金申購、理財產品銷售、慈善捐款等業務。

3.5.2.2 財付通（Tenpay）

財付通是騰訊公司於 2005 年 9 月正式推出專業在線支付平臺，致力於為互聯網用戶和企業提供安全、便捷、專業的在線支付服務。財付通的綜合支付平臺業務覆蓋 B2B、B2C 和 C2C 各領域，提供網上支付及清算服務。針對個人用戶，財付通提供了包括在線充值、提現、支付、交易管理等豐富功能；針對企業用戶，財付通提供了安全可靠的支付清算服務和 QQ 營銷資源支持。

財付通附帶的服務主要有用戶財付通帳戶的充值（從綁定銀行卡帳戶向財付通帳

戶劃款)、提現（從財付通帳戶把資金轉入到銀行卡、銀行帳戶上）、支付（將資金從買家財付通帳戶轉入到賣家財付通帳戶下）、交易管理（用戶可以通過交易管理查看自己的交易狀態）、信用卡還款業務（從財付通帳戶往信用卡帳戶劃撥資金。目前信用卡只支持興業銀行卡）、生活繳費業務（目前部分城市已經開通了使用財付通繳納水費、電費、燃氣費、通信費等）等。並且，對於企業用戶，財付通還提供支付清算服務和輔助營銷服務。

此外，游戲充值、話費充值、彩票購買以及騰訊服務購買等都可以用財付通平臺進行。

除了上面列舉的服務之外，財付通還提供了商家工具，以方便用戶使用財付通出售自己的商品。主要的商家工具為：「財付通交易按鈕」「網站集成財付通」「成為財付通商戶」。

3.5.2.3 支付寶

支付寶是國內領先的第三方支付平臺，其信用擔保模式是全球獨有的。2004 年，支付寶的出現不僅提供了一種滿足中國用戶支付需要的安全支付方式，還扮演著信用仲介的角色，更是對中國網上交易誠信環境帶來了極大的影響。

(1) 交易流程。買家先確定購買的商品後付款到支付寶，支付寶通知賣家發貨，然後賣家發貨到買家，買家收貨後通知支付寶，支付寶再付款給賣家。從支付寶為代表的信用擔保型第三方支付平臺的支付流程可見，第三方代收款制度可保證資金的安全轉讓，還可擔任貨物的信用仲介，從而約束交易雙方的行為，並在一定程度上減輕買賣雙方對彼此的猜疑，增加對網上購物的信任程度，有效減少網路交易詐欺。

支付寶的交易流程如圖 3.7 所示：

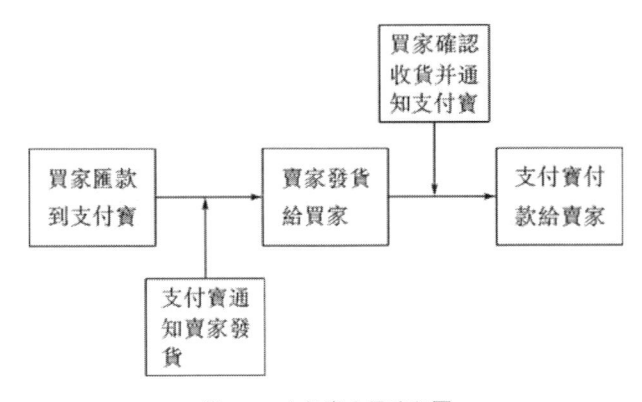

圖 3.7　支付寶交易流程圖

(2) 支付寶模式及其發展。支付寶創新的技術以及獨特的理念，尤其是其構建的網上交易誠信環境與由此帶來的龐大的用戶群已經吸引了越來越多的互聯網商家，他

們主動選擇支付寶作為其在線支付體系。目前，除淘寶和阿里巴巴外，支持使用支付寶交易服務的商家已經超過 46 萬家①，國內各大商業銀行以及中國郵政、Visa（維信）、MasterCard（萬事達卡）國際組織等各大機構均與支付寶建立了深入的戰略合作，不斷根據客戶需求推出創新產品。

2010 年全年，支付寶以 50.02% 的市場份額占據網上支付市場的一半以上，財付通以 20.31% 的市場份額位居第二位，快錢和匯付天下分別以 6.23% 和 6.12% 的市場份額位居第三和第四位。② 2011 年 5 月，支付寶獲得央行頒發的國內第一張《支付業務許可證》（又稱「支付牌照」）。截至 2011 年 9 月，支付寶註冊用戶突破 6 億，日交易額超過 30 億元人民幣，日交易筆數超過 1,100 萬筆，已經成長為全球最領先的第三方支付公司之一。③

(3) 第三方支付對中國電子商務誠信的影響。2004 年以來，隨著支付寶的發展，整個網上支付產業都被帶動起來，支付寶提出的建立信任、化繁為簡，以技術的創新帶動信用體系完善的理念已經是第三方支付的共同理念。支付寶模式為解決制約中國電子商務發展中的支付問題和網上交易的誠信問題提供了思路和解決方案，從支付寶的發展來看，儘管其起步落後於歐美等國的第三方支付（如 PayPal），但在發展速度和規模上，都超過了後者。由於支付寶的壯大，帶動著整個中國電子商務的高速前進，有效減少網路交易詐欺，推動了互聯網誠信體系的建立。

①第三方支付交易規模增長迅速。2010 年中國第三方網上支付交易規模達到 10,105 億元，同比 2009 年增長 100.1%，實現全年翻番。在 2008 至 2010 年短短的三年間，第三方網上支付交易規模翻了近四番。④ 中國金融認證中心（CFCA）發布的 2010 中國電子銀行調查報告顯示，2010 年，全國第三方支付用戶的比例達到 19%。易觀智庫 EnfoDesk《2011 年 Q3 中國第三方支付市場季度監測》數據報告顯示，2011 年第三季度中國第三方互聯網在線支付市場交易規模達到 5,643 億，環比增長 22.4%，同比增長 95%。根據 iResearch 艾瑞諮詢統計數據顯示，2014 年中國第三方互聯網支付交易規模達到 80,767 億元，同比增長 50.3%。第三方互聯網支付競爭格局微調，各支付企業競爭愈加激烈。

可見，儘管支付寶是一個非官方機構，但是其創立的第三方支付平臺所共同使用的信用擔保模式已經獲得了廣泛認可。短短幾年時間，中國已經有數以億計的用戶自發地選擇了第三方平臺這一種支付方式，以支付寶為首的第三方支付日益滲透網民生

---

① 數據來自於支付寶官方網站。
② 數據來源於艾瑞諮詢。
③ 數據來源於支付寶官方網站。
④ 數據來源於艾瑞諮詢。

活，推動中國互聯網市場向誠信發展。

② 第三方支付交易所累積的信用數據已經成為可靠的授信參考數據。2008年1月，支付寶推出與中國建設銀行合作的支付寶「賣家信貸」服務，符合信貸要求的淘寶網賣家將可獲得最高十萬元的個人小額信貸，而銀行給中小賣家發放貸款時正是參考了支付寶的信用數據。這一貸款的不良貸款率遠遠低於傳統的貸款方式。由此可見，支付寶交易所累積的信用數據可靠性強，這一信用體系也正在獲得各方面的認可。①

(4) 第三方支付本身的誠信問題及中國的相應措施。儘管支付寶為代表的第三方支付平臺的發展在一定程度上改善了中國的社會誠信，但在發展的過程中，第三方支付本身也存在誠信問題，這主要體現在兩個方面：第一，付款人的銀行卡信息將暴露給第三方支付平臺，如果這個第三方支付平臺的信用度或者保密手段欠佳，將帶給付款人相關風險；第二，第三方支付平臺的備付金（沉澱資金）被挪用的風險以及第三方支付公司破產後帶來的備付金風險問題。

第三方支付平臺的這兩個主要的誠信問題目前已經被監管部門考慮到，並對此制定了相關法律法規，央行繼2010年6月發布了《非金融機構支付服務管理辦法》②後，2011年先後發布了《支付機構預付卡業務管理辦法（徵求意見稿）》③和《支付機構客戶備付金存管暫行辦法（徵求意見稿）》④，這一系列的相關法規對第三方支付平臺的申請和管理以及沉澱資金的使用和監管進行了詳細的規定。《非金融機構支付服務管理辦法》第三十三條和第三十四條規定：「支付機構應當依法保守客戶的商業秘密，不得對外洩露。」「支付機構應當按規定妥善保管客戶身分基本信息、支付業務信息、會計檔案等資料。」《非金融機構支付服務管理辦法》第二十四條規定：「支付機構接受的客戶備付金不屬於支付機構的自有財產。支付機構只能根據客戶發起的支付指令轉移備付金。禁止支付機構以任何形式挪用客戶備付金。」第二十六條規定：「支付機構接受客戶備付金的，應當在商業銀行開立備付金專用存款帳戶存放備付金。」而《支付機構客戶備付金存管暫行辦法（徵求意見稿）》則直接瞄準第三方支付行業中的巨額沉澱資金，對支付機構客戶備付金的管理進行了規範。

此外，商務部於2011年發布了《第三方電子商務交易平臺服務規範》，該規範確定了第三方電子商務交易平臺的運行原則、設立條件與服務規則，調整了第三方電子商務交易平臺、站內經營者與消費者之間的關係，對第三方電子商務交易平臺提出新

---

① 資料來源於支付寶官方網站。
② 資料來源於中國人民銀行網站。
③ 資料來源於中國人民銀行網站。
④ 資料來源於中國人民銀行網站。

要求，明確了網路交易中的禁止行為。《第三方電子商務交易平臺服務規範》對第三方電子商務交易平臺的經營活動進行了規範和引導，保護了參與電子商務交易的廣大企業和消費者合法權益，營造了公平、誠信、安全的交易環境。

可見，雖然第三方支付中可能存在一些風險，但中國已經出台了相關法律法規保障當事人的合法權益，促進了第三方支付行業健康發展。

本章小结

　　本章介紹了電子支付，包括常用支付方式、典型的網上支付工具、中國電子商務環境下的支付方式、網上銀行以及電子商務網上支付解決方案等內容。

　　1. 常用支付方式包括現金、本票、支票、貸記卡和借記卡等，各支付方式的流程不一樣。

　　2. 電子支付的發展分為五個階段，網上支付是其最新發展階段，電子支付可隨時隨地通過互聯網路進行直接轉帳結算，這一階段的電子支付稱為網上電子支付。網上電子支付就是電子商務環境下的在線支付方式。電子支付具有方便、快捷、高效、經濟的優勢。用戶只要擁有一臺聯網的微機，足不出戶便可在很短的時間內完成整個支付過程。

　　3. 電子商務環境下的支付方式主要有兩大類：一是在線電子支付，二是線下支付。銀行卡在線轉帳支付、電子現金、電子支票以及第三方支付平臺結算支付是其主要支付方式。中國電子商務環境下的支付方式中，傳統的線下支付方式仍然佔有相當的比例。中國電子商務環境下的主要支付方式包括：銀行匯款、貨到付款以及網上支付。隨著電子商務的深入發展，網上支付將成為一個極有潛力的發展點。

　　4. 電子銀行是指通過因特網或公共計算機通信網路提供金融服務的銀行機構。電子銀行業務是指商業銀行等銀行業金融機構利用面向社會公眾開放的通信通道或開放型公眾網路，以及銀行為特定自助服務設施或客戶建立的專用網路，向客戶提供的銀行服務。

　　5. 電子商務網上支付解決方案包括銀行網上支付平臺以及以支付寶為代表的第三方支付平臺。

本章习题

單項選擇題

1. 目前，電子支付存在的最關鍵的問題是（　　）。
   A. 技術問題　　B. 安全問題　　C. 成本問題　　D. 觀念問題
2. 以下不是第三方支付平臺的是（　　）。
   A. 支付寶　　　　　　　　　B. 財付通
   C. 銀聯在線支付平臺　　　　D. 工行網上銀行在線支付平臺

多項選擇題

1. 下面屬於銀行卡的有（　　）。
   A. 信用卡　　B. ATM 卡　　C. 電話卡　　D. 借記卡
2. 常見的信用貨幣主要有（　　）。
   A. 紙幣　　　B. 硬幣　　　C. 銀行支票　　D. 金幣

判斷題

1. 借記卡和貸記卡都不用在卡上預存現金，只要透支限額夠用，就可以直接去信用卡特約商家購買商品。
2. 所謂電子貨幣，就是將現金價值預存在集成電路晶片內的一種貨幣。
3. 對於貸記卡，銀行預先不設定透支限額，只限定超支部分的歸還日期及利息的計算方法。
4. 網上銀行是一種在任何時間、任何地點，以任何方式提供金融服務的全天候銀行。
5. 在現金交易中，買賣雙方處於同一位置，而且交易是匿名進行的，賣方不需要瞭解買方的身分，因為現金本身是有效的，其價值由發行機構加以保證，現金具有使用方便和靈活的特點，故而很多交易都是通過現金來完成的。
6. 電子商務的實現必須由兩個重要環節組成，一是交易環節，二是支付環節。前者在客戶與銷售商之間完成，後者需要通過銀行網路來完成。

問答題

  1. 去商店購物，如果客戶用信用卡透支買了商品，却不遵守還款約定，不準備償還這筆信用卡的透支款，這時，商家的利益受到損害了嗎？

  2. 網上支付方式有哪些？支付寶是哪種類型的網上支付方式？

實踐操作題

  請註冊工商銀行的電子銀行服務，瞭解網上銀行的服務內容和註冊流程。

4 電子商務的商業模式

4.1 商業模式及其要素

4.1.1 商業模式

對於商業模式，有著各種理論解釋。系統論認為，商業模式是一個由很多因素構成的系統，是一個體系。價值創造模式論認為，商業模式是企業創造價值的模式，是企業創新的焦點和企業為自己、供應商、合作夥伴及客戶創造價值的決定性來源。

商業模式就其最基本的意義而言，是指做生意的方法，是一個公司賴以生存的、能夠為企業帶來收益的模式，是企業在市場競爭中逐步形成的企業特有的賴以盈利的商務結構及其對應的業務結構。商業模式是為了在市場中獲得利潤而規劃好的一系列商業活動，規定了企業在價值鏈中的位置，並指導其如何賺錢。可見，商業模式就是企業賺錢的渠道，即通過怎樣的模式和渠道來賺錢。

進入20世紀90年代後，隨著互聯網的興起，亞馬遜書店、易趣等都開創了全新的網路商業模式，而每種新的商業模式的出現，都為社會帶來了巨大的財富。

4.1.2 商業模式的要素

商業模式具體體現了電子商務項目現在如何獲利以及在未來長時間內的計劃。研究商業模式主要要回答如下問題：企業提供何種產品或者服務？不同商業角色潛在利益如何？企業的收入來源，即盈利模式是什麼？

可見，商業模式的要素主要包括：

(1) 價值體現。

價值體現即企業提供什麼產品或者服務，消費者為什麼要買你的東西。

(2) 盈利模式。

盈利模式即企業如何賺錢。盈利模式分為自發的盈利模式和自覺的盈利模式兩種，前者是自發形成的盈利模式，企業對如何盈利，未來能否盈利缺乏清醒的認識，也就是說，企業雖然盈利，但其盈利模式不夠明確和清晰，即盈利模式具有隱蔽性和模糊性的特點；而自覺的盈利模式，則是企業通過對盈利實踐進行總結，主要調整和設計其盈利模式，因此，自覺的盈利模式具有清晰性、針對性、相對穩定性、對環境的適應性及靈活性等特徵。在市場競爭的初期和企業成長的不成熟階段，企業的盈利模式大多是自發的，隨著市場競爭的加劇和企業的不斷成熟，企業開始逐步重視對市場競爭和自我盈利模式進行研究。

(3) 營銷戰略。

營銷戰略即企業對所提供的產品和服務的銷售計劃，包括如何將產品和服務銷售

出去、通過什麼樣的渠道、用什麼樣的促銷手段等。

(4) 競爭環境與優勢。

競爭環境與優勢是指企業產品和服務的目標市場的競爭性企業有哪些，以及本企業進入該目標市場的特點和優勢是什麼。

4.2 電子商務的商業模式

電子商務為商業模式增加了許多新的類別，網路經濟環境下的電子商務商業模式是指可以利用和發揮互聯網和萬維網的特徵為目標的商業模式。B2C、C2C 和 B2B 等不同類型電子商務企業的商業模式是不一樣的，而同一種類型電子商務的電子商務模式也會有所不同。

作為電子商務企業，其在線業務一般可以通過以下五種方式實現收益：

第一，商務活動，即銷售產品或者服務給顧客或企業。

第二，廣告，即銷售廣告空間給有興趣的廣告客戶。

第三，收取費用，即向預定信息內容或服務以及參與拍賣等活動的顧客收取費用。

第四，出售用戶信息，即收集顧客的相關信息，並出售給對其感興趣的個人或者企業。

第五，信用。先從消費者手中取得資金，一段時間後付給賣主，從中擔任信用擔保角色。

任何一個電子商務企業可以把不同的商業模式組合在一起作為其商業策略的一部分。如一個企業可以將廣告和出售用戶信息兩種模式混合在一起，產生一個能有利可圖的全新商業策略。同樣，在網上經常見到廣告與會員費相結合的混合模式，以及其他混合的商業模式。電子商務企業的商業模式正在被不同的企業進行實踐，而更多的企業會選擇經過實踐檢驗的可靠的模式。

4.2.1 B2C 電子商務的商業模式

B2C 模式是中國最早產生的電子商務模式，以 8848 網上商城正式營運為標誌。

B2C 是企業對個人的電子商務，是企業通過互聯網為消費者提供一個新型的購物環境，即網上零售商店等類型的電子商務網站，消費者通過網路在網上購物、在線支付。由於這種模式節省了客戶和企業的時間和空間，大大提高了交易效率，特別是對於工作忙碌的上班族，這種模式可以為其節省寶貴的時間。近幾年來，雖然 B2C 電子商務在中國發展非常迅速，但目前許多 B2C 電子商務企業因不能盈利而面臨生存危機。根據企業經營模式的特點，針對 B2C 電子商務面臨的困難，採取適合 B2C 企

業發展的商業模式，是促進 B2C 電子商務可持續發展的關鍵所在。

4.2.1.1 廣告

不同類型 B2C 電子商務企業的商業模式是不同的，但目前廣告收益幾乎是所有電子商務企業的主要盈利來源。從某種意義來說，正是廣告商推動了中國互聯網的茁壯成長。

在 B2C 的代表性網站當當網的盈利中，目前廣告費增長得很快。從 B2C 門戶網站的代表新浪網的收入結構來看，廣告收入占到 1/3 還多，而對於一些小型的網站來說，廣告收入則幾乎達到其收入的 90% 以上。所以說，廣告是網站的頭號盈利工具，但並不是人人都可以拿得到廣告資源，能夠吸收廣告商的網站必須首先提升自己網站的知名度和點擊率。

B2C 的另外一個代表是騰訊網，極大的瀏覽量為其帶來了豐厚的廣告收入，廣告收入是其主要的收入來源。騰訊公司的廣告形式多種多樣，包括 FLASH 動畫、按鈕廣告、BANNER 橫幅廣告、系統廣播、浮動廣告等，能夠滿足各類客戶的市場推廣需求，充分體現各種產品的特點和個性。而且騰訊 QQ 的用戶群規模非常大，且覆蓋面很大，形成一種巨大的群聚效應。騰訊 QQ 的 80% 以上用戶處於 12～30 歲這一年齡段，騰訊 QQ 已經成為聚集年輕一代的最好的信息、休閒、娛樂平臺，同時也成為了商家通過廣告與用戶進行互動的平臺，以及良好的廣告載體。

4.2.1.2 銷售自己的產品獲利

此模式是指生產商通過互聯網直接接觸最終用戶而不是通過批發商或零售商的商業運作模式，即生產商通過網路平臺銷售自己生產的產品或加盟廠商的產品。商品製造企業主要是通過這種模式擴大銷售，從而獲取更大的利潤，如海爾電子商務網站、戴爾、雅芳、天獅集團、新時代集團等。以戴爾公司為例，通過戴爾的電子商務網站，戴爾與顧客保持互動，通過戴爾網站實行直銷，不僅可以更深入地瞭解顧客需求，而且能獲取傳統模式中留給中間商的利潤空間，降低了銷售成本。

4.2.1.3 電子零售商

（1）定義。

電子零售商是指零售商或個人通過互聯網將商品或服務信息傳送給顧客，顧客通過互聯網下訂單，採取一定的付款和送貨方式，最終完成交易。

可見，電子零售商就是在線的零售店，其規模各異，內容也相當豐富。電子零售商具有商品種類多、無時空限制、商品價格較低、網上商店庫存小、資金積壓少、商品信息更新快、消費者購物成本低、為消費者省時間、給消費者以方便、向消費者送信息等優點。

電子零售商又分為純網路型 B2C 網上商店和傳統零售企業的 B2C 網上商店。前

者如全國性的大型網上購物商店當當網、卓越網、京東商城①、紅孩兒商城等，以及本地的小型網上商店；後者如沃爾瑪、家樂福、國美電器等。

（2）當當網的主要商業模式。

① 直接銷售，壓低製造商（零售商）的價格，在採購價與銷售價之間賺取差價。這類商品主要是圖書音像等當當自營商品。該模式最大優勢是靠品牌效應吸引投資者，憑藉市場份額的優勢，主打規模效應。2014 年，當當實現淨營收 79.6 億元，同 2013 年比增長 25.8%；全年總營收（GMV）達到 142 億元，比 2013 年同期增長 46%；自營圖書銷售比重降至 35%，實現了向綜合電商的全面轉型。

② 虛擬店鋪出租費。當當網的商品分為兩類：一類是當當自營的商品，另一類是通過虛擬店鋪招商後其他商家售賣的商品。因此，通過虛擬店鋪出租，當當網可以獲取租金（保證金＋月租費），這是當當的一個收入來源。

（3）京東商城的主要商業模式

京東商城是百貨商店的統一解決方案，產品統一採購，統一配貨，京東自己的物流送貨。京東商城的商業模式主要為：統一採購進貨以享受到相對低價的進貨，可以低價（甚至低於進價）銷售產品，獲得較大規模的銷售量，然後靠廠商返點和其他補貼獲得利潤。②

4.2.1.4 內容提供商

（1）定義。

內容提供商是通過信息仲介商向最終消費者提供信息、數字產品、服務等內容的信息生產商，或直接給專門信息需求者提供定制信息的信息生產商。其特點是：處理大量的信息，包括圖像、圖形、聲音、文本等。由於信息安全性是第一要求，因此，信息內容提供商在存儲介質和網路設施上投資較大。

（2）商業模式。

內容提供商的商業模式是向最終消費者提供有價值的內容，並向其收取內容訂閱費、會員推薦費等。內容提供商的典型例子是付費電子雜誌，或者免費電子報刊中的付費升級內容。這種網站商業模式的核心競爭能力不在於信息技術，而在於提供給用

---

① 以京東商城為例，2009 年 3 月，京東商城單月銷售額突破 2 億元，成為國內首家也是唯一一家月銷量突破 2 億元大關的 B2C 電子商務公司。2009 年 6 月，京東商城單月銷售額突破 3 億元，與 2007 年全年銷售額持平。同時，日訂單處理能力突破 20,000 單。2009 年 6 月，京東商城 2009 年第二季度銷售達 8.4 億元，佔據中國 B2C 電子商務市場 28.8% 的份額。其中，6 月銷售額突破 3.7 億元，6 月 18 日單日銷售額突破 3,000 萬元。

② 京東 2014 年全年財報顯示，京東全年交易總額為 2,602 億元，同比翻番。2014 年全年淨收入 1,150 億元，同比增長 66%，京東活躍用戶數由 2013 年全年的 4,740 萬增長至 2014 年全年的 9,660 萬，同比增長 104%；完成訂單量則從 4,740 萬增長至 3.233 億。根據美國通用會計準則，京東 2014 年全年淨虧損 50 億元，淨利潤率 -4.3%。2014 年虧損主要原因是股權激勵費用，以及與騰訊戰略合作涉及的資產及業務收購所產生的無形資產的攤銷費用。

戶的高質量的信息內容。

如中經網，作為國家的一個信息中心，網站定位為為政府、企業提供高質量的經濟信息服務。為把內容做專做深，中經網大量網羅專家和經濟領域的頂尖人物，進行信息分析，然後利用網路技術把這些高價值信息內容系統化地進行組織整理，即集中力量解決數據庫和網上的聯繫和應變。中經網提供的是對整體經濟環境可靠、準確的描述，有利於政府的宏觀決策，也有利於企業經營者減少經營風險，提高經濟活動的有效性。中經網提供的信息現在對政府是免費的，對企業是收費的。也許隨著政府職能的轉變和進一步深化改革，將來也可對政府收費。目前，中經網的主要收入來源是企業信息收費。

4.2.1.5 提供增值業務

這一類的 B2C 網站以騰訊為代表，如騰訊 QQ，其為廣大用戶打造了各類個性化增值服務，包括 QQ 會員服務、號碼服務、QQ 交友中心、QQ 秀（如圖 4.1 所示）等幾大服務內容。QQ 會員是騰訊公司打造個性化服務的開端，號碼服務、交友中心、QQ 秀的推出進一步體現了對網友個性化需求的不斷滿足。在探索用戶需求的過程中，騰訊也尋求到了用戶的商業價值。以會員服務為例，騰訊一直在努力提供更加個性化的增值服務，以吸引更多會員，其會員人數迅速增加，按照每人每年 120～200 元的會員費標準計算，會員服務每年可以為騰訊提供幾千萬元的收入。

圖 4.1 QQ 秀

4.2.1.6 網上交易經紀人

網上交易經紀人是通過電話、電子郵件或者網上互動為消費者處理個人交易的網站。採用這種模式的最多的是網上保險、網上基金等金融服務，旅遊服務以及職業介紹服務等。其商業模式是通過向每次成功的交易收取佣金獲得收入。

4.2.1.7 收費郵箱

收費郵箱做得比較好的是網易，其 VIP 郵箱賣得很好。雖然現在更多的是免費郵

箱，但隨著客戶要求越來越高，收費郵箱只要在服務和風格上更適合目標客戶，也會是一個非常大的盈利點。而對於網站來說，提供沒有垃圾郵件、收發方便快速、管理界面功能強大、風格親和的郵箱服務不是難事。隨著網路的普及和現代化水平的不斷提高，收費郵箱的銷售量一定會不斷提升。

4.2.1.8　網路游戲

盛大是網路游戲的最大受益者，它吸引了無數網遊迷戀者，做到了門戶與游戲的結合；同時，誕生了眾多游戲裝備網站、游戲論壇、戰隊等附屬產業。盛大的收入主要來自於玩家所付的游戲費用，玩家通常要購買游戲預付卡，從而獲得進入游戲的帳號和密碼，並可以給帳戶充值。通常，盛大的休閒游戲是免費的，但是有很多玩家選擇付費購買「點數」來獲得游戲的增值道具，從而增強游戲體驗。

除了盛大以外，還有很多免費的在線游戲也很流行，雖然對於玩家不收費，但是其中的特殊道具購買、晉級均可進行收費，游戲中的場景還可以賣給相關企業以取得收入。

4.2.2　B2B 電子商務的主要商業模式

絕大部分中小企業要通過第三方電子商務平臺開展電子商務，進行網路營銷。如通過第三方電子商務平臺發布和查詢供求信息，與潛在客戶進行在線交流和商務洽談等。第三方電子商務平臺又分為兩種類型：一種是綜合性平臺，即可服務於多個行業與領域的電子商務網站，如阿里巴巴、慧聰網、環球資源網等；另一種是行業垂直性平臺，即定位於某一特定專業領域的電子商務網站，如中國化工網、中國醫藥網、中國紡織網等。

4.2.2.1　廣告

不同類型 B2B 電子商務企業的商業模式是不同的，但廣告收入是 B2B 電子商務網站的主要收入來源。

4.2.2.2　會員費

B2B 網站中收取會員費做得最好的就是阿里巴巴。阿里巴巴提供覆蓋亞、歐、美的網路渠道，供會員獲取傳統渠道無法獲取的供求信息，並為之提供誠信安全的服務，通過支付寶這個電子支付系統，確保買賣雙方資金的安全流動。阿里巴巴的主要收入來源就是會員費。其收費會員主要有兩類，一類是「誠信通」會員，另一類是「中國供應商」會員。「誠信通」會員只需繳納 1,688 元或者 3,688 元的年費，就可開展國內貿易，無須其他附加費用。而「中國供應商」會員每年繳納 4 萬~6 萬元（當然這裡面包括了一年的服務費用），就可以從網站獲得更多的供需信息，幫助其產品出口。來自於「誠信通」和「中國供應商」兩類註冊用戶的年費合計貢獻了阿里巴巴大約 95% 的年收入，可見，阿里巴巴的商業模式是以收取會員費為主的。除阿里巴巴外，全球採購的商業模式也主要是收取會員費。

圖 4.2　阿里巴巴網站

4.2.2.3　信息仲介

信息仲介是指網站以收集消費者信息並將其出售給其他企業為商業模式，其營利模式就是收取信息費用和數據挖掘後的諮詢等費用。

這方面做得比較好的是慧聰網（如圖 4.3 所示），慧聰網的目標客戶就是有資金又有市場需要的企業。慧聰網聚集了非常齊全的行業信息，而且有全面的分析報告。慧聰網成立於 1992 年，是國內領先的 B2B 電子商務服務提供商，依託其核心互聯網產品「買賣通」以及良好的傳統營銷渠道「慧聰商情廣告」與「中國資訊大全」和行業分析報告等為客戶提供線上、線下的全方位服務。2003 年 12 月，慧聰網實現了在香港聯交所創業板的成功上市，為國內信息服務業及 B2B 電子商務服務業首家上市公司。2009 年 2 月，慧聰網順利通過 ISO 9001 質量管理體系認證，成為國內首個引入該標準的互聯網公司。目前，慧聰網註冊用戶超過 960 萬，買家資源達到 900 萬，覆蓋行業超過 70 余個，員工 2,600 名，已經成為國內最有影響力的互聯網電子商務公司。

圖 4.3　慧聰網

4.2.2.4　B2B 服務提供商

B2B 服務提供商是為企業級採購、分銷等供應鏈過程提供服務。B2B 服務提供商將買賣雙方的松散的供求關係改變為緊密的供求關係，能夠扮演供應鏈資源整合者的角色。B2B 服務提供商的代表是環球資源網（如圖 4.4 所示）。環球資源是國際貿易線上線下電子商務服務公司，以全球展會、雜誌、光盤、與網上推廣相結合，為客戶提供線上線下的打包服務，打造多角度全方位的宣傳模式，以幫助供應商拓展全球市場。

環球資源的盈利來源除了前面提到的會員費以及專業雜誌和光盤的廣告費用之外，其主要的盈利來源就是貿易展覽會的推廣收入，而且這一塊收入占其總收益比例的增速最快。

圖 4.4　環球資源網

4.2.2.5　大型企業自建 B2B 電子商務網站

一些大型企業希望通過電子商務來降低採購和分銷成本、提高銷售量。因此，目前出現很多大型企業自建 B2B 電子商務網站來開展電子商務，如海爾、聯想等推出的網上採購和網上分銷。

4.2.3　C2C 電子商務的主要商業模式

C2C 電子商務指消費者通過網路與消費者之間進行相互的個人交易，如網上個人拍賣等。C2C 電子商務的特點包括：交易成本低、經營規模不受限制、信息搜集便捷、銷售範圍和銷售力度擴大等。

4.2.3.1　C2C 電子商務的主要商業模式

（1）廣告費。

C2C 網站在網路中的地位就像大型超市在生活中的地位，網民經常光顧，擁有超強的人氣、頻繁的點擊率和數量龐大的會員，蘊藏無限的商機。這就為網站帶來了廣告收入，廣告費是 C2C 網站利潤的一大來源。

C2C 網站超強的人氣是其吸引廣告的最大優勢，企業可將網站上有價值的位置用於放置各類型廣告，根據網站流量和網站人群精度標定廣告位價格，然後再通過各種形式向客戶出售。

如果 C2C 網站具有充足的訪問量和用戶黏度，廣告業務會非常大。但是目前 C2C 電子商務平臺的廣告背後都對應相應的店鋪，以淘寶首頁為例，其頁面上的廣告還主要是淘寶商家的產品或店鋪廣告，這也是 C2C 電子商務網站的共有特點。這是由於 C2C 網站出於對用戶體驗的考慮，沒有完全開放廣告業務，只有個別廣告位不定期開放。因此，C2C 電子商務網站應該在廣告模式上不斷創新，吸引能夠投放大額廣告但又不屬於其網站的商家，以實現廣告收入的大幅提升。基於 C2C 電子商務網站上巨大的用戶數量，可以看到，廣告費會成為 C2C 電子商務的主要來源。

（2）銷售首頁「黃金鋪位」。

很多上網者一般只瀏覽網站的首頁，所以網站首頁的廣告鋪位和展位具有很深的商業價值。對於 C2C 網站首頁的「黃金鋪位」，網站可以定價銷售也可以進行拍賣，購買者或者中標者可以在規定時間內在鋪位上展示自己的商品。然而，網站的首頁位置畢竟是有限的。因此，此種商業模式只能作為 C2C 電子商務網站收入的一個次要來源，一般不能作為主要的盈利來源。

（3）搜索排名競價。

C2C 網站的商品非常豐富，購買者會在網站上頻繁地搜索所需商品。因此，商家的商品信息在網站搜索結果中的排名就顯得尤為重要，由此便引出了根據搜索關鍵字競價的業務。用戶可以為某關鍵字提出自己認為合適的價格，最終由出價最高者競得，在有效時間內該用戶的商品可獲得競得的排位。

基於 C2C 電子商務網站上品種繁多、款式紛雜的特點，隨著網站的不斷發展，搜索引擎的作用逐步凸顯出來。而類似百度搜索的商業模式，C2C 電子商務平臺也可以通過搜索引擎競價排名的模式進行盈利。賣家也逐步認識到競價能為他們帶來的潛在收益，願意花錢使用。但是，基於 C2C 電子商務網站用戶的特點，這種商業模式不可能和百度的搜索競價排名完全相提並論，用戶對於此種服務的接受程度依賴於用戶本身的實力發展和壯大。對於一般賣家用戶而言，搜索引擎競價排名服務還和自己存在距離。

(4) 信用認證。

信用認證在 B2B 電子商務領域取得盈利，成為 B2B 電子商務平臺收入的重要組成部分。如前所述，阿里巴巴正是利用開展企業的信用認證，敲開了創收的大門。直到現在，「誠信通」仍然是阿里巴巴主要的收入來源之一。作為阿里巴巴「誠信通」的會員，可以享受四大特權，包括獨享買家信息、第三方認證、優先排序和網上專業商鋪。這些特權對於從事電子商務的商家言，是非常有吸引力的。

目前中國 C2C 電子商務平臺還沒有向所提供的信用認證系統服務收費，主要原因在於，C2C 電子商務平臺的買賣雙方交易基本是小額交易，很少有用戶願意通過付會員費的方式獲得信用認證。可見，這一模式依賴於 C2C 電子商務平臺的發展，以及用戶在此過程中的不斷壯大和交易需求的擴大。

(5) 會員費。

會員費也就是會員制服務收費，是指 C2C 網站為會員提供網上店鋪出租、公司認證、產品信息推薦等多種服務組合而收取的費用。由於提供的是多種服務的有效組合，較能適應會員的需求，因此這種模式的收費比較穩定。繳納的會員費到期時客戶續費後再進行下一年的服務，不續費則恢復為免費會員，不再享受多種服務。

(6) 交易提成。

交易提成是 C2C 網站的主要利潤來源。因為 C2C 網站是一個交易平臺，為交易雙方提供機會，就相當於現實生活中的交易所和大賣場，從交易中收取提成是其市場本性的體現。

(7) 支付環節收費。

支付問題一向就是制約電子商務發展的瓶頸，中國的電子商務發展尤其如此。直到阿里巴巴推出了支付寶，才在一定程度上促進了中國網上在線支付業務的開展。買家可以先把預付款通過網上銀行打到支付公司的個人專用帳戶，待收到賣家發出的貨物後，再通知支付公司把貨款打入到賣家帳戶。這樣買家不用擔心付了款却收不到貨，賣家也不用擔心發了貨而收不到款，而支付公司就按成交額的一定比例收取手續費。

4.2.3.2 淘寶網商業模式分析

淘寶網成立之初是免費的，但任何一家企業的最終目標都是盈利，因此，淘寶網在承諾的 3 年免費期結束後，也開始尋找自己的商業模式。2007 年春節開始，淘寶嘗試在網路廣告上與眾多品牌合作，廣告是淘寶官方正式宣布的首個盈利模式。至此，廣告成為了淘寶網的主要收入來源。淘寶網推出各種類型小廣告，比如商家關於品牌 Banner 廣告，也有按照點擊與成交效果付費的廣告以及搜索結果的右側廣告位。淘寶還向廣告客戶推出了增值的服務計劃，包括品牌推廣、市場研究、消費者研究、社區活動等；幫助客戶開拓網路營銷渠道促進銷售，包括品牌旗艦店建設、代理商招募等。

另外，淘寶還給賣家提供很多其他增值服務，比如店鋪管理、裝飾工具等，一方

面受到了商家的歡迎，另一方面也拓寬了自己的收益來源。

在商業模式探索的道路上，淘寶 2006 年曾推出了「招財進寶」——競價排名服務，即為願意通過付費推廣而獲得更多成交機會的賣家提供的增值服務。但是「招財進寶」一經推出，很多店主就表示「淘寶是在用財富的不平等製造交易的不平等」，致使用戶迅速流向拍拍，最終「招財進寶」業務在推出後不到一個月就不得不叫停。

而利用支付寶的備付金投資生利方面，中央銀行已出台新規，針對第三方支付平臺的備付金（沉澱資金）被挪用的風險以及第三方支付公司破產後帶來的備付金風險問題作了相關規定。中央銀行繼 2010 年 6 月發布了《非金融機構支付服務管理辦法》後，2011 年先後發布了《支付機構預付卡業務管理辦法（徵求意見稿）》和《支付機構客戶備付金存管暫行辦法（徵求意見稿）》，這一系列的相關法規對第三方支付平臺的申請和管理以及沉澱資金的使用和監管進行了詳細的規定。《非金融機構支付服務管理辦法》第二十四條規定：「支付機構接受的客戶備付金不屬於支付機構的自有財產。支付機構只能根據客戶發起的支付指令轉移備付金。禁止支付機構以任何形式挪用客戶備付金。」第二十六條規定：「支付機構接受客戶備付金的，應當在商業銀行開立備付金專用存款帳戶存放備付金。」而《支付機構客戶備付金存管暫行辦法（徵求意見稿）》則直接瞄準第三方支付行業中的巨額沉澱資金，對支付機構客戶備付金的管理進行了規範。在中央銀行新規的監管下，支付寶對其沉澱資金進行投資生利是不可行的了，但新規的出台又使得支付寶為代表的第三方支付平臺有了一個新的合法盈利途徑，即沉澱資金的利息收入。

總結起來，淘寶有如下主要商業模式：

第一，通過淘寶旺鋪、旺旺客服和阿里軟件網店版、店鋪裝飾工具等提供增值服務，進行收費；第二，以淘客推廣、黃金推薦位和淘寶直通車等為代表的廣告收費；第三，交易佣金；第四，向賣家提供的店鋪管理工具和等增值服務收費。

淘寶網已經意識到，要突破盈利瓶頸，就必須尋求新的增長方式。其探索商業模式的道路還將繼續進行。基於淘寶網是阿里巴巴系網站的一個分支，其今後的商業模式可以考慮與阿里巴巴聯合促銷向企業收費，或者放開廣告業務吸引非網站商家，或者可以通過賣淘寶的交易數據和記錄或者買賣雙方的信用數據等來盈利。

4.2.3.3　C2C 商業模式發展問題與建議

中國 C2C 商業模式有參與便利、啓動資金小、交易機率大、成交金額低等特點。但也存在發展的制約因素，如電子商務的法律環境不完善、電子商務交易所需的誠信體系不健全、網路安全保障還不夠成熟等。

可見，要進一步促進中國 C2C 電子商務的良性發展，還有很多方面需要完善：①完善物流系統和信息安全系統；②完善網上支付系統；③完善信用體系建設；④完善相關法律法規。

本章小结

本章介紹了電子商務商業模式及其要素，重點敘述了 B2C、B2B、C2C 等不同類型電子商務的商業模式。

1. 商業模式具體體現了電子商務項目現在如何獲利以及在未來長時間內的計劃。研究商業模式主要要回答如下問題：企業提供何種產品或者服務？不同商業角色潛在利益如何？企業的收入來源，即盈利模式是什麼？商業模式的要素主要包括價值體現、盈利模式、營銷戰略、競爭環境與優勢。

2. B2C 電子商務的主要商業模式有廣告、銷售自己的產品獲利、電子零售商、內容提供商、提供增值業務、網上交易經紀人、收費郵箱以及網路游戲。

3. B2B 電子商務的主要商業模式有廣告、收取會員費、信息仲介、B2B 服務提供商以及大型企業自建 B2B 電子商務網站等。

4. C2C 電子商務的主要商業模式有廣告、銷售「首頁黃金鋪位」、搜索排名競價、信用認證、收取會員費、交易提成以及支付環節收費等。淘寶的主要商業模式有：①通過淘寶旺鋪、旺旺 E 客服和阿里軟件網店版、店鋪裝飾工具等提供增值服務，進行收費；②以淘客推廣、黃金推薦位和淘寶直通車等為代表的廣告收費；③交易佣金；④向賣家提供的店鋪管理工具和等增值服務收費。

本章習題

選擇題

1. 當當網的商業模式有（　　）。
   A. 廣告
   B. 會員費
   C. 直接銷售，壓低製造商（零售商）的價格，在採購價與銷售價之間賺取差價
   D. 虛擬店鋪出租費
2. 淘寶的主要商業模式有（　　）。
   A. 通過淘寶旺鋪、旺旺 E 客服和阿里軟件網店版、店鋪裝飾工具等提供增值服務，進行收費
   B. 以淘客推廣、黃金推薦位和淘寶直通車等為代表的廣告收費

C. 交易佣金

D. 向賣家提供的店鋪管理工具和等增值服務收費

3. 要進一步促進中國 C2C 電子商務的良性發展，還有很多方面需要完善，主要包括（　　）。

A. 完善物流系統和信息安全系統　　B. 完善信用體系建設

C. 完善網上支付系統　　　　　　　D. 完善相關法律法規

判斷題

1. 阿里巴巴的商業模式是混合型的商業模式，即多種商業模式，主要有廣告服務和收取會員費。

2. 騰訊公司的商業模式是混合型的商業模式，即多種商業模式，主要有廣告服務和收取會員費。

3. 廣告收入是 B2B 電子商務網站的主要收入來源。除此之外，不同的 B2B 電子商務網站還有其他不同類型的商業模式。

4. B2C 是企業對個人的電子商務，是企業通過互聯網為消費者提供一個新型的購物環境，即網上零售商店等類型的電子商務網站，消費者通過網路在網上購物、在線支付。

簡答題

1. 門戶網站一般屬於哪種電子商務模式，舉出其三種最主要的商業模式？

2. 網上保險經紀是哪種電子商務模式，其商業模式屬於哪種類型？

3. 淘寶網的商業模式包括哪些？

5 電子商務網站建設與相關技術

5.1 電子商務網站概述

5.1.1 網站的分類

按不同分類標準，網站可分為不同類型。

（1）個人網站與企業網站。個人網站是指個人因某種興趣或提供某種服務等目的，將自己的作品或商品等進行在線展示而製作的具有獨立空間域名的網站。個人網站是一個可以發布個人信息及相關內容的網路平臺，以個人主頁為主。個人網站的內容一般是介紹個人的信息為中心的網站，但不一定是自己做的網站。

企業網站主要是企業在互聯網上進行網路建設、形象宣傳及商品和服務銷售與展示的平臺。企業可以利用網站來進行宣傳、產品資訊發布、招聘以及與客戶互動等。如圖5.1所示的戴爾公司網站。

圖5.1 戴爾公司網站

（2）電子商務網站和非電子商務網站。電子商務包括三個方面：物流、信息流、資金流。電子商務網站就和這三方面有聯繫。比如，淘寶是一個C2C的電子商務網站，就包括這三個方面：一個客戶需要某種商品，他去淘寶上搜索相關信息，然後確定購買某件商品，在線支付後，快遞送貨到家，這中間就包括了這三種流。典型的電子商務網站包括阿里巴巴網站等，典型的非電子商務網站包括新浪娛樂等。

（3）電子商務網站的分類。中國目前的電子商務網站主要有以下幾類：

①網上銀行在線銷售型電子商務網站：工商銀銀行的網上商城等。

②網上銷售型電子商務網站：當當網、卓越網等。

③提供交易平臺型電子商務網站：淘寶網等。

④傳統零售商銷售型電子商務網站：國美網等。

5.1.2 電子商務網站的功能和特點

電子商務網站具有節省信息查詢時間、提高效率、提供多種溝通渠道、為客戶提供個性化的網站與服務、提供企業信息、提供網路廣告及客戶反饋、提供客戶在線支付與查詢、提供決策工具、在線使用多媒體等功能。企業通過電子商務網站可以在線宣傳其形象，發布企業產品動態，展示產品目錄，集成產品發布系統，集成訂單系統，具有易用性、及時性等特點。

5.2 電子商務技術基礎

5.2.1 互聯網

互聯網（Internet）的用戶遍及全球，目前仍在不斷上升。互聯網已經成為企業、政府和研究機構共享信息的基礎設施，同時也是開展電子商務的基礎。一個網路連接到互聯網的任何一個節點上，就意味著連入了整個互聯網，並作為它的一個組成部分。

5.2.1.1 互聯網的發展階段

（1）互聯網的起源。互聯網起源於阿帕網（ARPAnet）。20世紀70年代，美國國防部提出組建一個新的網路的構想，當它遭到攻擊而部分損壞時，整個網路仍能正常工作。這一組建計劃由高級研究規劃署（Advanced Research Projects Agency）執行，因此被稱為ARPAnet，它使人們能夠共享硬件和軟件資源，起初，只限於軍事、國防項目的承包單位以及從事有關國防研究的各個大學。1983年，ARPAnet被拆分為MILnet和ARPAnet兩個網路，前者用於軍事，後者用於研究，兩者之間仍有網橋進行通信聯繫，因此就慢慢被稱為互聯網。

（2）互聯網的第一次快速發展。互聯網的第一次快速發展是在20世紀80年代。20世紀80年代初，作為美國一個科研機構，全國科學基金會（National Science Foundation）開發了六個超級計算機相連的網路NSFnet。NSFnet是一個三級計算機網路，分為主幹網、地區網和校園網，覆蓋美國主要的大學和研究所。1986年，NSFnet實現與ARPAnet的互聯，不久很多學術團體和企業研究機構也都紛紛加入該網路，進一步促進了互聯網的發展。

（3）互聯網的第二次飛躍。20世紀90年代，互聯網開始第二次飛躍。1991年，全國科學基金會和美國的其他政府機構開始認識到互聯網的使用範圍必將擴大，不僅限於大學和研究機構，於是政府決定將互聯網的主幹網交給私人公司來經營，並開始對介入互聯網的單位收費。隨後，IBM、MERIT和MCI成立了一家非盈利性公司ANS（Advanced Network and Services），正是由於這些公司的加入，使得它在世界範圍內得

以迅速發展，也使得在互聯網上進行商業活動有了可能，而商業化機構的介入也使得互聯網在通信、資料檢索和客戶服務等方面顯現出巨大潛力，世界各地無數的企業及個人紛紛湧入互聯網，帶來了互聯網發展史上一次質的飛躍。

到 20 世紀末，互聯網已經成為一種通過服務器將小型網路連接起來的錯綜複雜的網路結構。大部分情況下，服務器通過專門進行互聯網通信的線路來傳送數據，個人計算機則通過直接線路，或者通過電話線與調制解調器等連接到這些服務器上。

5.2.1.2 互聯網的構成、接入技術與應用服務

互聯網由下列網路群構成：

(1) 主幹網。主幹網通常為大規模網路，這些網路主要用來與其他網路互連，如美國的 NSFnet、歐洲的 EBONE、大型的商用主幹網。

(2) 區域網。如連接大專院校的區域網。

(3) 商用網路。商用網路是為客戶提供連接骨幹網的服務網路，或只供公司內部使用且連接到互聯網。

(4) 局域網，如校園網等。互聯網接入技術的目的在於將用戶的局域網或計算機與公用網路連接在一起。目前，中國互聯網用戶接入互聯網主要採用以下幾種方案：撥號上網（PSTN + MODEM）、專線（DDN）接入、綜合業務數字網（ISDL）、Cable MODEM、數字用戶線（XSDL）以及無線接入技術等。

互聯網的產生、發展和應用反應了現代信息技術發展的新特點。無論從管理角度，還是從商業角度來看，互聯網最重要的特性就是它的開放性，由此可以帶來無限生機。互聯網連接的地區、集體乃至個人，超越種種自然或人為的限制。從用戶角度來看，互聯網是一系列通過網路來完成通信任務的應用程序。互聯網最普通和最廣泛的網路應用服務包括信息查詢瀏覽（WWW）、電子郵件、文件傳輸（FTP）、遠程登錄（Telnet）等。

5.2.2　IP 地址與域名

5.2.2.1　IP 地址

互聯網是由上億臺主機互相連接形成的全球性網路，因此，互聯網上的每一臺主機都必須有一個唯一的地址，以便識別和區分網路上的每臺主機，就像電話有唯一電話號碼一樣。作為該主機在互聯網上的唯一標誌，這個地址就稱為 IP 地址。

IP 地址是一個 32 位的二進制數，為書寫方便和記憶，通常採用點分十進制表示法，即 8 位一組分成四組，每組用十進制數表示，並由圓點分隔。比如，百度主機服務器的 IP 地址為 119.75.218.70，而四川大學服務器的 IP 地址為 125.69.85.18。

5.2.2.2　域名

由於用數字表示的 IP 地址難以記憶，不如用字符表示來得直觀。為了便於使用

和記憶，也為了易於維護和管理，我們採用一種稱為域名的表示方法來表示 IP 地址，如四川大學服務器的域名為 www.scu.edu.cn，而百度服務器的域名為 www.baidu.com。所以，域名可以看做是用字符表示的 IP 地址。

域名（Domain Name）是由一串用點分隔的名字組成的互聯網上某一臺計算機或計算機組的名稱，用於在數據傳輸時標示計算機的電子方位（有時也指地理位置）。域名由若干部分組成，各部分之間用小數點分開，每個部分由至少兩個字母或數字組成。域名比較常用的格式如下：「站點服務類型名、公司或機構名、網路性質名、最高層域名。」

最高層域名也稱頂級域名，往往是國家或地區的代碼，如中國的代碼是 cn、美國的代碼是 us；網路性質名即第二級域名，往往表示主機所屬的網路性質，如商業界是 com、教育界是 edu、政府部門是 gov、科學機構是 ac 等；公司或機構名是第三級域名，如新浪網是 sina、搜狐網是 sohu 等；站點服務器類型名即第四級域名，如萬維網是 www、文件傳輸服務是 ftp 等。

在互聯網名稱與數字地址分配機構（ICANN）巴黎年會（2008 年）上，ICANN 理事會一致通過一項重要決議，允許使用其他語言包括中文等作為互聯網頂級域字符。至此，中文國家代碼「.中國」正式啟用。自 2009 年始，全球華人上網時，在瀏覽器地址欄通過直接輸入中國域名後綴「中國」，就可以在互聯網上訪問到相應的網站，網民不用再安裝任何插件。中文域名的推出客觀上拓展了有限的域名資源空間，從一定程度上緩解了域名資源的需求與供給方面的緊張情況；另外，中文域名也在一定程度上解決了原來由於英文域名中，不同域名註冊商標權人的讀音相同的不同漢字商標而導致的用英文或拼音註冊域名時的衝突問題。然而，域名的本質特徵不可能因中文域名的出現而改變，域名搶註導致的商標權侵犯問題仍然大量存在。

新聞事件：世界最貴域名

第一名：insure.com，2009 年售出，成交價 1,600 萬美元。該網域名稱由 QuinStreet 公司買下，創下網域拍賣最高價。原先是由 insure.com 以 160 萬美元於 2001 年 12 月買下。這個網站提供壽險、車險與健康險等保單出售。

第二名：sex.com，2006 年售出，成交價 1,400 萬美元。由交友網站 match.com 創辦人克萊門（Gary Kremen）在 1994 年購入。該網域遭冗長官司纏身，2006 年拍賣成交價為史上最高。

第三名：fund.com，2008 年售出，成交價 999 萬美元。由一家提供金融服務的上市網路公司買下。網站上提供基金投資選擇與專家意見，並讓使用者建立投資組合。

（資料來源：中國信息產業網）

5.2.2.3 域名的註冊

一個企業只有通過域名註冊,才能在互聯網上確定自己的一席之地。域名的註冊包括以下幾部分:

(1) 域名的一般命名規則:域名中只能包含26個英文字母,0~9十個數字,「-」英文中的連字符;域名中字符的組合規則,不區分英文大小寫,對於一個域名的長度有一定的限制;不得使用被限制使用的名稱,如對國家、社會或者公共利益有害的名稱,公眾知曉的其他國家或地區名稱、國外地名、國際組織名稱等。

(2) 確定本企業的域名。既然域名被視為企業的網上商標,那麼註冊一個好的域名至關重要。一個好的域名往往與單位的信息一致,單位名稱的中英文縮寫,企業產品的註冊商標,與企業廣告語一致的中英文內容,比較有趣、好記或者有特殊意義的名字等。同時,選擇域名是需要注意保護避免與其他網站混淆。

(3) 要選擇域名服務提供商。提供域名註冊服務的服務商很多,應該選擇具有一定經營規模並且能夠為用戶提供便捷服務的站點。通常可以使用 www.cnnic.net、www.net.cn 等。

(4) 域名註冊流程。以萬網作為域名註冊商為例,首先登錄 www.net.cn 的主頁,進入萬網主頁,選擇「域名註冊」,在註冊一個域名前,先要進行域名查詢,以判斷選擇的域名是否可以使用。如果申請的域名已被註冊,則視為發生了衝突。一般解決衝突的方法是換一個相近的名稱,或是在申請的域名中加入一些字母等,也可以選擇其他可用的域名。如果選用的域名沒有被註冊,就可以進行註冊了。註冊時首先要同意萬網的在線域名註冊服務條款,選擇同意後,進入填寫註冊表單頁面。相關信息填寫完成後,用戶需核對信息,如果確定所填寫的信息準確無誤,即可提交信息。然後根據要求繳納域名使用費,通常可以採用網路支付或者匯款等方式。完成以上步驟,域名註冊工作就全部完成了。

5.2.3 TCP/IP 協議

5.2.3.1 TCP/IP 網路協議

互聯網統一使用傳輸控制/互聯(TCP/IP)協議,該協議是互聯網最基本的協議,其英文名稱是 Transfer Control Protocol/Internet Protocol。

TCP 協議是傳輸控制協議,它向應用程序提供可靠的通信連接。TCP 協議能夠自動適應網上的各種變化,即使在互聯網暫時出現堵塞的情況下,也能夠保證通信的可靠性。TCP 規定了為防止傳輸過程中數據包丟失的檢錯方法,用以確保最終傳送信息的正確性。IP 協議是國際網路協議,它能適應各種各樣網路硬件,對底層網路硬件幾乎沒有任何要求。任何一個網路只要可以從一個地點向另一個地點傳送二進制數據,就可以使用 IP 協議。

TCP 協議和 IP 協議是互補的，兩者結合保證了互聯網在複雜環境下能夠正常運行。TCP/IP 協議經過精心設計，運行效率很高。雖然計算機的速度已比 TCP/IP 剛誕生時提高了幾千倍，接入互聯網的計算機數量大幅增加，數據傳輸也飛速增長，但 TCP/IP 仍能滿足互聯網的需要。

儘管這兩個協議可以分開使用，各自完成自己的功能，但由於它們是在同一時期為一個系統來設計的，並且功能上也是相互配合、相互補充的，因此計算機必須同時使用這兩個協議，因此常把這兩個協議稱作為 TCP/IP 協議。

5.2.3.2　TCP/IP 參考模型

TCP/IP 參考模型是一種建立在既成事實上的標準。參考模型是在 TCP/IP 協議出現之後制定的。TCP/IP 參考模型採用了四層的體系結構，如圖 5.2 所示。

| 應用層（Telnet, FTP…） |
| 傳輸層（TCP, UDP…） |
| 網際層（IP, ICMP, ARP…） |
| 網路接口層 |

圖 5.2　TCP/IP 參考模型示意圖

（1）應用層（Application Layer）是指使用 TCP/IP 進行通信的應用程序，是 TCP/IP 的最高層，為用戶提供一組公用程序，它通過傳輸層傳送與接收數據。應用軟件和傳輸層之間的接口由端口號（port）和套接字（socket）定義。一個套接字是一個通信端點的抽象表示。例如，在 TCP 之上通信的兩個應用程序，它們之間的邏輯連接由相關的兩個套接字唯一確定，套接字可以由三元組（TCP、IP 地址、端口號）唯一標示。運行時，套接字的地址是一個三元組（TCP、本地 IP 地址、本地進程號），而兩個應用進程的連接由五元組（TCP、本地 IP 地址、本地進程號、遠程 IP 地址、遠程進程號）唯一標示。

應用層的協議比較多，常見的有：①Telnet（遠程登錄協議），可以遠程登錄網路上任何一部主機；②FTP（文件傳輸協議），可以在兩臺主機之間傳輸文件；③SMTP（簡單的電子郵件傳輸協議），可以將電子郵件傳送給網路上任何一臺主機，或接收別人傳送過來的電子郵件；④SNMP（簡單的網路管理協議），可以監督網路上任何一臺主機的活動情形；⑤DNS（域名服務器），可將主機名稱轉換成 IP 地址格式等。

（2）傳輸層（Transfer Layer）。傳輸層的主要任務是使資源和目的端主機上的對等實體進行會話，完成所謂的「端到端」通信，支持多個應用，確保數據交換的可靠性。其兩個端到端的協議是 TCP 和 UDP。TCP（傳輸控制協議）是一種面向連接的可靠的數據傳輸服務，報文可以從一端無差錯地送往互聯網上的其他機器。UDP（用戶數據協議）與 TCP 協議的功能相同，但 UDP 是一種不可靠的、無連接的基於數據包

的協議，用於不需要 TCP 而是自己完成這些功能的應用程序。

（3）網際層（Internet Layer）。網際層提供網路的一個虛擬網路，也就是屏蔽各個物理網路的差異，使得傳輸層和應用層間這個互聯網路看做是一個整體的虛擬網路。網際層的主要任務是使主機可以將信息分組發送到任何網路。網際層有四個重要的協議，即 IP 協議、ICMP 協議、ARP 協議和 RARP 協議。IP 協議是這個層次中最重要的協議，它是一個無連接的報文分組發送協議，包括處理來自傳輸層的分組發送請求、路徑選擇、轉發數據包等，但並不具有可靠性，也不提供錯誤恢復等功能。在 TCP/IP 網路上傳輸的基本信息單元是 IP 數據包。ICMP 協議用於網路中傳送各種控制信息。ARP（地址解析協議）知道對方的網路地址而詢問其網路適配卡的地址（硬件地址）。RARP（反向的解析協議）向網路上的其他主機詢問自己的 IP 地址。

（4）網路接口層（Network Interface Layer）。網路接口層是 TCP/IP 協議的最底層，負責接收和發送 IP 數據包，提供網路硬件設備的接口。這個接口可能提供可靠的傳送，也可能是不可靠的傳送；可能是面向數據包的，也可能是面向流的。TCP/IP 協議在這層次並沒有規定任何的協議，但可以使用絕大多數的網路接口。

5.2.4 萬維網簡介

萬維網（World Wide Web，WWW）起源於 1989 年 3 月，由歐洲量子物理實驗室 CERN（the European Laboratory for Particle Physics）所發展出來的主從結構分佈式超媒體系統。它是互聯網的多媒體信息查詢工具，也是發展最快和目前最廣泛使用的服務。萬維網是一種建立在互聯網上的全球的、交互的、動態的、多平臺的分佈式圖形信息系統。

5.2.4.1 萬維網的特點

萬維網遵循 HTTP 協議，其中最基本的概念就是 Hypertext（超文本）。萬維網技術解決了遠程信息服務中的文字顯示、數據連接以及圖像傳遞的問題，使得萬維網成為互聯網上最為流行的信息傳播方式。而且萬維網（以下簡稱為 Web）界面非常友好，用戶在通過 Web 瀏覽器訪問信息資源的過程中，無需再關心一些技術性的細節。因而 Web 在互聯網上一推出就受到了熱烈的歡迎，現在 Web 的應用已遠遠超出了原設想，成為互聯網上最受歡迎的應用之一，它的出現極大地推動了互聯網的發展。

萬維網之所以取得了如此快速的發展，是因為它自身的一些特點。

（1）Web 是一種超文本信息系統。Web 的一個主要的概念就是超文本（Hypertext）連接，它使得文本不再像一本書一樣是固定的線路，而是可以從一個位置跳到另外的位置，因此，用戶只需要輕輕一點，就可以獲取更多的信息，也可以轉到別的主題的內容上。

（2）Web 是圖形化的且易於導航。Web 流行的一個非常重要的原因就在於它可

以在一頁上同時顯示色彩豐富的圖形和文本。Web 可以提供將圖形、音頻、視頻信息集合於一體的特性，而在 Web 之前，互聯網上的信息只有文本形式。同時，Web 非常易於導航，只需要簡單點擊，即從一個連接跳到另一個連接，實現在各頁各站點之間進行瀏覽。

（3）Web 與平臺無關。瀏覽 Web 對系統平臺沒有什麼要求，無論從 Windows 平臺、UNIX 平臺、Machintosh，還是其他平臺，都可以通過互聯網訪問 Web。對 Web 的訪問是通過一種叫做瀏覽器（browser）的軟件實現的。常用的瀏覽器包括如 Netscape 的 Navigator、NCSA 的 Mosaic 以及 Microsoft 的 Explorer 等。

（4）Web 是分佈式的。大量的圖形、音頻和視頻信息會占用相當大的磁盤空間，而對於 Web 來說，沒有必要把所有信息都放在一起，而是不同信息可以放在不同的站點上，而在瀏覽時，只需要在瀏覽器中指明這個站點就可以了，這就實現了物理上不一定在一個站點的信息在邏輯上一體化，從用戶來看這些信息是一體的。

（5）Web 是動態的。Web 站點信息的提供者可以經常對站上的信息進行更新，如某個協議的發展狀況、公司的廣告以及產品信息等，因此 Web 上的信息是動態的、經常更新的。

（6）Web 是交互的。Web 的交互性，首先表現在它的超連結上，用戶的瀏覽順序和瀏覽站點的內容完全由自己決定。通過表單（Form）的形式可以從服務器方獲得動態的信息，用戶也可通過填寫表單向服務器提交請求，服務器則根據用戶的請求返回相應信息。在登錄到某個站點時經常會看到登錄框，其中需要瀏覽者填寫用戶名及密碼等內容，這個登錄框就是用表單來實現的。

5.2.4.2 萬維網服務

萬維網將互聯網上的信息資源以超文本形式組織成網頁（Web），當用戶閱讀這些信息時，會注意到某些信息處被加了超文本連結，借助於這些超級連結，瀏覽者可以從一個網頁跳到另一個網頁。任何用戶只需要鼠標點擊，即可瀏覽感興趣的含有相關文字、圖像、聲音等信息的頁面內容。

如果企業想通過主頁向全球範圍介紹自己的企業，可以使用一些免費的主頁空間來發布主頁，但一般來說，企業最好註冊一個域名，申請一個 IP 地址，然後讓 ISP 將這個 IP 地址解析到企業的 Linux 主機上，並在 Linux 主機上架設一個 Web 服務器。這樣，企業就可以將主頁存放在自己的這個 Web 服務器上，通過它將企業的主頁對外發布。

5.2.4.3 萬維網體系機構

萬維網是基於客戶機/服務器方式的信息發現技術和超文本技術的綜合。它由 Web 服務器、Web 瀏覽器、瀏覽器與服務器之間的超文本傳輸協議（Hypertext Transfer Protocol，HTTP）、寫 Web 文檔的超文本標示語言（Hypertext Markup Language，HTML）以及用來表示 Web 上資源的統一資源定位器（Universal Resource Locator，

URL）幾個基本元素構成。

　　Web 服務器通過 HTML 超文本標示語言把信息組織成為圖文並茂的超文本，Web 瀏覽器的任務是使用一個 URL 來獲取一個 Web 服務器上的 Web 文檔，將文檔內容以用戶環境所許可的效果最大限度地顯示出來，Web 瀏覽器為用戶提供基於 HTTP 超文本傳輸協議的用戶界面，用戶使用 Web 瀏覽器通過互聯網訪問遠端 Web 服務器上的 HTML 超文本。統一資源定位器用來唯一標示 Web 上的資源，包括 Web 頁面、圖像文件（如 gif 格式文件和 jpeg 格式文件）、音頻文件（如 wav 格式）、視頻文件（如 mpeg 格式文件）。

　　超文本傳輸協議是用來在互聯網上傳輸文檔的協議，它是 Web 上最常用也是最重要的協議，是 Web 服務器和 Web 客戶（如瀏覽器）之間傳輸 Web 頁面的基礎。HTTP 是建立在 TCP/IP 之上的應用協議，但並不是面向連接的，而是一種請求/應答（Request/Response）式協議。瀏覽器通常通過 HTTP 向 Web 服務器發送一個 HTTP 請求，Web 服務器接受到 HTTP 請求之後，執行客戶所請求的服務，生成一個 HTTP 應答返回給客戶。

　　超文本標示語言（Hypertext Markup Language，HTML）並不是一個程序設計語言，它所提供的標記是由 SGML（Standard Generalized Markup Language，標準的通用標記語言）定義的。SGML 是 ISO（國際標準化組織）在 1986 年推出的一個用來創建標記語言的語言標準，它源自 IBM 早在 1969 年開發的 GML（Generalized Markup Language），該語言的名稱也正好包含了三位創始人姓氏的第一個字母，他們分別是 Charles F. Goldfarb，Edward Mosher，Raymond Lorie。SGML 是一種元語言，即用來定義標記語言的語言，它提供了一種將數據內容與顯示分離開來的數據表示方法，使得數據獨立於機器平臺和處理程序。1993 年形成 HTML 1.0，以後不斷完善，HTML 4.0 發表於 1997 年。

　　超文本標示語言中有限的標記不能滿足很多 Web 應用的需要，如基於 Web 的大型出版系統和新一代的電子商務，而為各種應用需要不斷地往 HTML 中增加標記顯然不是最終的解決方法，究其原因是 HTML 缺乏可擴展性。從 1996 年開始，W3C（World Wide Web Consortium）的一個工作組在 Jon Bosak 的領導下致力於設計一個超越 HTML 能力範圍的新語言，這個語言後來被命名為 XML（Extensible Markup Lan-guage，可擴展標記語言）。1998 年 2 月，W3C 發布了 XML 1.0 作為其推薦標準。現在，W3C 已經用 XML 設計出一個與 HTML4.01 功能等價的語言，稱為 XHTML1.0(Extensible Hypertext Markup Language)。

　　Web 客戶通常指的是 Web 瀏覽器，如 Netscape Navigator 和 Microsoft Internet Explorer。這種瀏覽器能理解多種協議，如 HTTP、HTTPS、FTP；也能理解多種文檔格式，如 text、HTML、JPEG 等。一般來說，HTML 文檔中的連結在 Web 瀏覽器中通常

以帶下劃線的方式顯示，用戶點擊某個連結就能瀏覽到所連結的 Web 資源，而在比較專業的網站中，用戶瀏覽網頁時經常會發現，連結上的下劃線不存在了，這主要是應用 CSS（層疊樣式表單）對頁面的效果進行批量定義而實現的。

總之，URL、HTTP、HTML（以及 XML）、Web 服務器和 Web 瀏覽器是構成 Web 的五大要素。Web 的本質內涵是一個建立在互聯網基礎上的網路化超文本信息傳遞系統，而 Web 的外延是不斷擴展的信息空間。Web 的基本技術在於對 Web 資源的標示機制（如 URL）、應用協議（如 HTTP 和 HTTPS）、數據格式（如 HTML 和 XML）。這些技術在不斷發展，新的技術不斷湧現，因此 Web 的發展前景不可限量。

5.3 電子商務網站建設

5.3.1 電子商務網站規劃設計

本節主要介紹電子商務網站的風格、網站功能定位、市場分析、盈利模式、支付系統等的規劃設計。

5.3.1.1 網站規劃

網站規劃是指在網站建設前對市場進行分析，確定網站的目的和功能，並根據需要對網站建設中的技術、內容、費用、測試、維護等做出規劃。網站規劃對網站建設起到計劃和指導的作用，對網站的內容以及維護起到定位作用。

5.3.1.2 網站規劃的內容

電子商務網站建立之前，一般要進行細緻和專業的規劃，規劃內容（有時也可稱為策劃方案）主要包括以下內容：

（1）建設網站前的市場分析。①相關行業的市場如何，市場有什麼樣的特點，是否能夠在互聯網上開展企業的業務。②對市場主要競爭者的分析，如競爭對手企業上網情況及其網站規劃、功能等分析。③企業自身條件分析，包括公司概況、市場優勢，可以利用電子商務網站對價值鏈的哪些環節進行改造、提升哪些競爭力，以及建設網站的費用、技術和人力支持，以及如何占領市場、擴大市場份額，以最快的速度實現盈利等。

（2）建設網站的目的及功能定位。①確定建立網站的目的，即明確建立該網站是為了宣傳企業產品、在線電子商務交易，或者只是提供行業信息的平臺，建立網站是企業自身的需要還是市場開拓的延伸。②根據公司的需要、計劃和建設能力，確定網站功能，即明確網站是產品宣傳型、網上營銷型、客戶服務型、信息諮詢型還是交易平臺型等。確定網站的前期類型，是 C2C 還是 B2C 網站，服務對象是本地區市民還是更大範圍的潛在顧客，經營的是小商品，還是食品、書籍或者軟硬件類商品，是建立網上超市，還是二手交易市場平臺。在前期目標實現後，網站的後期類型是否發展為 B2C 或者

B2B，是否增強交易平臺功能，增加企業交易和產品類型，從經營低價商品擴充到大件商品、高產值、高利潤產品等。③明確企業內部網的建設情況和網站的可擴展性。

（3）明確網站的發展目標。分階段制定網站的發展目標，如初期目標、短期目標、中期目標以及中長期目標。①初期目標。如申請域名、申請貸款、吸收風險投資、製作網站、聯繫ISP、申請網路介入、購買服務器等軟硬件設備等。②中長期目標。如在半年內，建立網站、擴容網站內容、規範網站服務、吸引加盟營銷商、使網站在本地區有一定知名度，建立服務網路；建立產品採購網路，建立產品配送網路，培訓員工，產品採購、配送依託連鎖超市等傳統物流網路。依託傳統物流網路採用合作加盟方式等。在一年內，在本地區有較高的知名度，能打出自己的品牌，進一步充實網站內容，爭取更多的加盟營銷商，豐富網上超市的產品，並向高端產品發展、吸納投資，擴大經營範圍，著手建立B2B商業交易平臺、實現網站盈利等。在兩年內，成為本地區最大的電子商務網站之一，鞏固市場份額，網站集B2B、B2C、C2C三種經營方式為一體，建設自有的物流體系，降低經營成本；在鞏固低端產品市場的同時，重心向高端產品發展，建立以高利潤、高附加值產品為主的經營體系等。在三年內，收購產品供貨企業，建設自己的產銷體系，進一步降低產品成本，完全脫離傳統零售商，建立更便捷、更優惠的產品營銷網路等。

（4）網站板塊及內容規劃。①根據網站的目的和功能對網站內容進行規劃。一般企業網站應包括企業簡介、產品介紹、服務內容、價格信息、聯繫方式、網上訂單等基本內容。網站建設初期，網站可分為產品索引、在線交易、新品發布、BBS、二手市場與行業資訊等幾大板塊，以後逐漸增加企業產品發布板塊，增加會員板塊，對付費會員提供更多的附加服務和優惠措施。②電子商務類網站要提供會員註冊、詳細的商品服務信息、信息搜索查詢、訂單確認、付款、個人信息保密措施、相關幫助等。③網站內容是網站吸引瀏覽者最重要的因素，因此，為了提高企業網站的可觀性和吸引力，可事先對潛在消費者希望閱讀的信息進行調查以及時調整網站內容。如果網站欄目比較多，則應考慮對網站各欄目確定專門的編程人員負責相關欄目內容。

（5）網頁設計與網站風格的確定。①要結合企業整體形象確定自身的網站風格，要注意網頁色彩、圖片的應用及版面規劃，保持網頁的整體一致性。網站風格是指網站的整體形象給瀏覽者的綜合感受。網站風格的確定有一些要注意的地方：將企業的標誌盡可能地放在每個頁面上最突出的位置；提出能反應網站精髓和產品服務特點的宣傳標語；網站風格可定位為簡潔明快，圖片和文字相結合，頁面可採用統一模塊。此外，一定要突出頁面的主色調，因為色彩永遠是網頁製作和設計中最重要的一環。網頁給瀏覽者的第一印象往往不是其產品和欄目，而是網頁的色彩給人的感覺，網站頁面的基調一般應該與企業的形象相符，顏色也不宜過多，盡量控制在三至五種色彩以內，而且頁面背景與文字顏色的對比盡量要大，以突出頁面的主要文字內容。此

外，頁面中要加入一些 Flash、Javascript 等特效，讓網頁看起來更加生動活潑，互動性更強。②在新技術的採用上要考慮主要目標訪問群體的分佈地域、年齡階層、網路速度、閱讀習慣等。③制定網頁改版計劃，如每半年到一年進行一次較大規模的改版等，以滿足目標訪問群體對網站內容和風格變化的需求。

（6）網站技術解決方案。要考慮網站採用的技術方案，如可租用虛擬主機（或自建服務器），採用 Window2000/NT 等操作系統，採用 IBM、惠普等公司提供的電子商務解決方案（或者自己開發），採用何種電子商務在線支付解決方案（如第三方支付等），相關程序開發，如網頁程序 ASP、JSP、CGI、數據庫程序等；並要注意採用安全的技術確保網站的安全，包括防止病毒的襲擊、防止黑客的入侵、防止因為意外事故而導致數據丟失，以及在線支付等交易過程中不泄漏客戶的銀行帳號、個人信息等訊息。使用安全可靠的殺毒軟件，並且經常定時升級，不使用來歷不明的軟件，注意移動存儲設備的使用安全，以有效地防止病毒的襲擊。使用網路防火牆、定期掃描服務器，發現漏洞及時打補丁。為應付意外事故，必須每天備份數據，這對於保證客戶信息的安全性是最重要的。在傳輸數據的過程中要對數據進行加密，例如使用密鑰加密數據和數字簽名技術等，保證客戶的權益不受到損害。

（7）網站測試。①網站設計製作完畢，要對服務器的穩定性和安全性進行測試。②對網站網頁的程序及數據庫進行測試。③對網頁的兼容性進行測試，如瀏覽器、顯示器的兼容性等。④根據需要進行其他測試。

（8）網站發布與推廣。網站測試後對網站的發布進行公關和廣告活動，並進行搜索引擎登記等。網站可加入新浪、搜狐和百度等大型網站的搜索引擎，也可採取一些其他方法進行推廣活動，等網站有了一定點擊率之後可以找專門的策劃公司來包裝，並從網頁到宣傳口號進行一次大的改版，使品牌更具知名度，進一步開拓市場。

（9）網站維護。①服務器及相關軟硬件的維護，對可能出現的問題進行評估，制定回應時間。②數據庫維護。有效地利用數據是網站維護的重要內容，因此要重視對數據庫的維護。③內容的定期和不定期更新和調整等。如需要經常更新本行業或企業產品等相關信息的內容，可設專門的網站維護部門或維護人員負責此項工作。將網站維護制度化、規範化。網站建設初期可聘請專門的數據庫操作員，對網站內容進行即時更新；網站運行穩定之後，可在企業內部員工中培訓一些人員進行網站維護操作，降低維護成本。

5.3.1.3 網站的結構

（1）頁面的層次結構：一級頁面、二級頁面、三級頁面。無論是複雜的商業網站，還是簡單的個人網站，在網頁的層次結構上都存在一些共同點，即任何一個網站均可用三層結構實現，也就是：首頁──→欄目頁──→內容頁或一級頁面──→二級頁面──→三級頁面。

製作好三級結構（如圖 5.3 所示），就能夠製作好其他類型的結構，因為任何網站都是以這三級結構為基準的，而且各級結構各有特點。

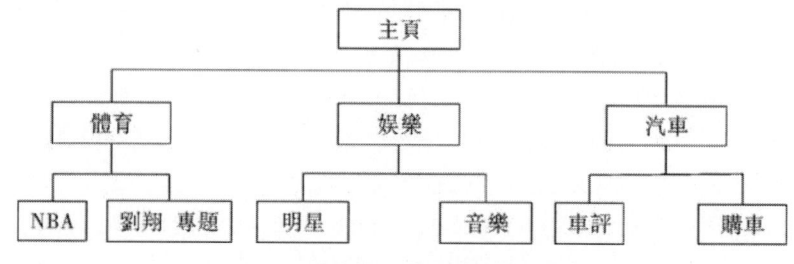

```
                    主頁
        ┌────────────┼────────────┐
       體育         娛樂         汽車
      ┌──┴──┐      ┌──┴──┐      ┌──┴──┐
     NBA 劉翔 專題  明星   音樂   車評   購車
```

圖 5.3　網站頁面的三級結構示意圖

（2）頁面的連結關係。萬維網將互聯網上的信息資源以超文本形式組織成網頁（Web），某些信息處被加了超文本連結，網站頁面的最大特點就是各頁面間的連結關係，借助於這些超級連結，瀏覽者可以從一個網頁跳到另一個網頁。而這些連結打開的方式或者稱為連結的關係有兩類：一類是「直接在當前頁面打開」；另一類是「打開一個空白頁」。兩者的區別在於：前者是在當前頁面打開，即新頁面打開時把當前頁面覆蓋。因此，瀏覽者可以點擊新頁面左上角的返回按鈕返回前一頁（如圖 5.4 所示）。而後者意味著新頁面是重新打開的一個頁面，也就是說，新頁面打開後之前的頁面仍然是打開狀態。因此，瀏覽者會看見新頁面左上角的返回按鈕是灰色的，即不能返回之前那一頁（如圖 5.5 所示）。

圖 5.4「直接在當前頁面打開」的新頁面 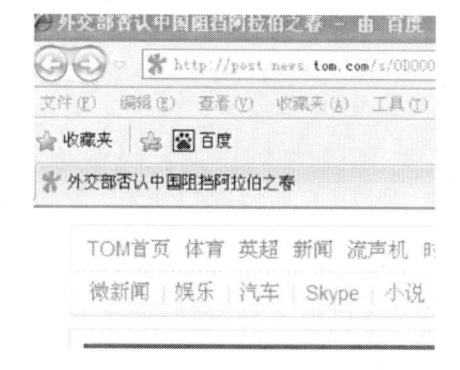　　圖 5.5「打開一個空白頁」的新頁面

5.3.2　電子商務網站製作設計

5.3.2.1　網頁與主頁

使用瀏覽器訪問網站時，網站中第一個被執行的文件稱為主頁，主頁的基本功能是幫助訪問者輕松瀏覽網站。主頁組成與一般網頁一樣，核心是 HTML（HyPertext

Markup Language）語言。

5.3.2.2 網頁製作工具

可以用任何文字編輯工具製作網頁，前提是熟練掌握 HTML 語言。當然，現在出現了不用面對語言的工具軟件如 Frontpage、Dreamweave 以及 Flash 等，操作簡單、實用，學起來比較輕鬆。

Dreamweaver：這是網頁三劍客之一，專門製作網頁的工具，可以自動將網頁生成代碼，是普通網頁製作者的首選工具。其界面簡單、實用功能比較強大，建議初學者選用。也可以使用寫字本、EditPlus 等代碼編輯工具，這些工具主要編輯 asp 等動態網頁。此外還有一些網路編程工具，如 Javascript 和 Java 編輯器等。

要真正做好一個網站，還必須有良好的設計功底，所以還得掌握很多相關的網頁製作設計軟件，如 Photoshop、Flash 等。大型的網站往往還需要數據庫的支持，所以數據庫技術也是網頁製作中常常需要用到的。

5.3.2.3 網頁製作基礎知識

（1）不要忘記加入網頁的 Title（標題）。Title 是顯示在瀏覽器標題欄的文字，在網頁下載時，它是最先出現的，所以可以用它提示網頁的主要內容，或者寫些歡迎的話（如圖 5.6 所示）。

圖 5.6　搜狐網站首頁 Title 示例

（2）將首頁命名為 index.htm。這是製作時一般的規定，一旦該頁被取名叫 index.htm 以後，等整個網站發布後，它就是別人用網站網址打開後看到的第一頁。

（3）將所有文件的文件名統一格式用英文字母，如都為英文小寫。

（4）圖片應使用.gif 和.jpg（jpeg）格式。這是兩種位圖文件格式，在同樣的視覺清晰度下，文件量往往比其他文件格式小，也就是說在網上下載的時候時間會更短。

（5）用連結連接各個頁面。各網頁之間通過超連結構成一個整體，建議這步最後

做，先將各個頁面的其他部分做好。

　　超級連結一般有三種情況。第一種情況是從當前頁連結到當前頁面的另一個位置，這種情況經常在瀏覽一個比較長的頁面時遇到，由於頁面比較長，要連續滾動鼠標多次以往下尋找所需瀏覽的內容很不方便；因此，網頁製作者可以在當前頁面的適當位置添加帶連結的文字如「第二章」，瀏覽者點擊該文字，即可到達該頁面的比較靠後的位置，而不需要連續滾動鼠標尋找「第二章」。第二種情況是從當前頁連結到同一臺服務器上的另一個網頁文件，如新浪首頁的娛樂頻道，在新浪首頁點擊「娛樂」，即進入新浪的娛樂頻道，兩個頁面同在新浪網站的服務器上。第三種情況是從當前頁連結到互聯網上的另一個網站的網頁，如從四川大學首頁的友情連結可以直接點擊進入中華人民共和國教育部網站。

5.3.2.4　網頁的製作和測試

　　網頁製作時可選擇利用 Dreamwaver 等軟件進行，下面講解網頁製作的主要步驟。

　　第一步是新建網頁，選擇「文件」菜單中的「新建」，再選擇「網頁」命令，此時在網頁編輯區中即可看到新建的空白網頁。當然，如果對 HTML 等語言非常熟悉，也可以直接用文本編輯器編輯網頁。

　　第二步是保存網頁。如果頁面已經編輯完成，即可保存網頁。

　　第三步是測試網頁，如果是用網頁製作軟件，則可選擇「文件」菜單中的「在瀏覽器中預覽」，使用 IE 瀏覽器來打開指定的網頁文檔即可，如果是直接用文本編輯器編寫網頁，則可直接用 IE 瀏覽器打開即可。

5.3.2.5　插入 Web 組件

　　在網頁的編輯過程中，可插入需要的字幕、懸停按鈕等 Web 組件。

　　插入字幕：在網頁中設置移動字幕，可以使某段文字在網頁上循環作水平移動。

　　懸停按鈕：懸停按鈕是一個動感按鈕，當訪問者將鼠標指向該按鈕時，按鈕就會改變顏色或形狀。

　　橫幅廣告管理器：在網頁的同一地方輪流顯示不同的圖片，可以在有限的網頁頁面中提供盡可能多的信息（如圖 5.7 所示）。

圖 5.7　淘寶首頁橫幅廣告管理器

　　站點計數器：站點計數器通常添加在主頁中，用於統計和顯示站點被訪問的次數。

5.3.2.6　動態效果及網頁過渡

動態 HTML 效果：設置動態 HTML 效果後，當打開網頁，進行單擊、雙擊或鼠標懸停等操作時，網頁內指定的文本、圖像、按鈕、字幕、連結等對象能夠實現某種動畫效果，如飛出、縮放等。

網頁過渡：網頁過渡是指進入或離開網頁時的特殊效果。

5.3.2.7　HTML 語言

網頁製作的基礎是 HTML 語言。HTML 語言是被用來編製網頁文檔的標記性語言，不是編程語言，它不需要經過編譯，只需要通過瀏覽器來打開就可以看到結果。HTML 語言採用了標記方式，描述了文本段落、文本格式、圖像、超連結等每個在網頁上的組件，通過超文本連結能方便地進行各種網頁信息之間的切換。

為了提高網頁製作（特別是動態網頁製作）的技術水平，就有必要瞭解、熟悉甚至精通 HTML 語言及腳本語言。

（1）HTML 編輯操作。編輯 HTML 時可使用 FrontPage 或者 Dreamwaver 等軟件，也可用記事本，寫字板等編輯器直接進行。此外，如果要查看某個網頁的 HTML 源代碼，一般可以點「查看」→「源文件」，或者直接在頁面空白處點鼠標右鍵→「查看源文件」，編輯 HTML 時不區分大小寫。

（2）HTML 文檔的基本結構。每個 HTML 網頁文檔以標記＜HTML＞開始，以＜/HTML＞結束。HTML 文檔一般由兩部分組成：頭部（HEAD）和主體（BODY）。

標記以「＜」「＞」及標記名組成，標記有兩種類型，一種是雙向標記，一種是單向標記。雙向標記：＜標記＞……＜/標記＞，如：＜BODY＞……＜/BODY＞，單向標記稍後介紹。

網頁的四種基本標記如下：

　　＜HTML＞＜/HTML＞標明文檔的開始和結束，定義文檔。

　　＜HEAD＞＜/HEAD＞標明文檔的頭部。

　　＜TITLE＞＜/TITLE＞標明標題，顯示在瀏覽器的標題欄中。

　　＜BODY＞＜/BODY＞標明文檔的主體。

（3）常用的一些標記。

① 標題標記：＜Hn＞標題文字＜/Hn＞示例：＜H_3＞網頁製作＜/H_3＞

H_1 到 H_3 字體逐漸變小，如圖 5.8 所示效果。

圖 5.8　Hn 標記效果

②文字標記：＜FONT SIZE＝"#" FACE＝"#" COLOR＝"#"＞文字 ＜/FONT＞，其作用是設置文字的大小、字體及顏色。

示例：＜FONT SIZE＝"3" FACE＝"宋體"＞網頁製作 ＜/FONT＞

③BODY 標記的 TEXT 屬性及 BGCOLOR 屬性：

＜BODY BGCOLOR＝"#"＞文字 ＜/BODY＞，其作用是設定整個網頁的文字顏色和背景顏色。

示例：＜BODY BGCOLOR＝"#634000" text＝"red"＞網頁製作 ＜/BODY＞

④段落標記：＜P＞文字塊 ＜/P＞

示例：我的網頁1＜P＞網頁製作 ＜/P＞我的網頁2，其作用是該文字塊被定義為一個段落，在頁面中顯示的效果即為前後都隔行換行顯示（如圖 5.9 所示）。

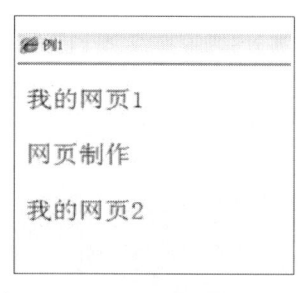

圖 5.9　段落標記效果

⑤單向標記：換行標記＜BR＞，表示＜BR＞標記前後的文字要換行（不隔行）5.10 顯示。

示例（如圖 所示）：網頁製作＜BR＞網站管理。

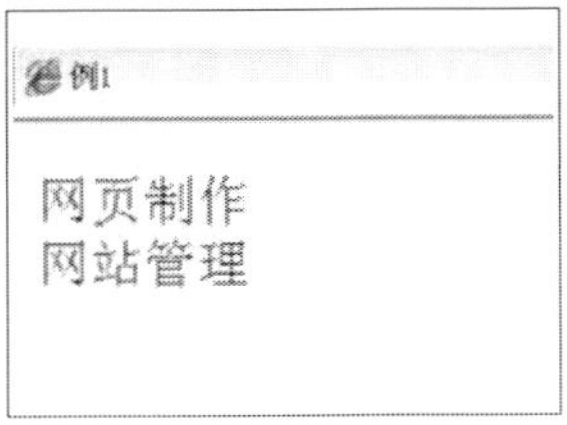

圖5.10 換行標記效果

⑥居中對齊標記：＜CENTER＞ 文字 ＜/CENTER＞

示例：＜CENTER＞ 網頁製作 ＜/CENTER＞

⑦註釋標記：＜！－註釋內容－＞ 或 ＜！註釋內容＞

示例：＜！以下設置小程序＞

例5.1：顯示「歡迎您來到HTML世界！」

    ＜HTML＞

   ＜HEAD＞

 ＜TITLE＞ 例1 ＜/TITLE＞

  ＜/HEAD＞

   ＜BODY＞

     歡迎您來到HTML世界！

   ＜/BODY＞

  ＜/HTML＞

假設該文檔的文件名為「Welcome.htm」，存放在當前站點中。

例5.2：建立含有兩個網頁連結的HTML文檔。

  ＜HTML＞ ＜HEAD＞

 ＜TITLE＞ 例2 ＜/TITLE＞

＜/HEAD＞

  ＜BODY＞

   ＜P＞ ＜A HREF＝"Welcome.htm"＞ 歡迎您 ＜/A＞ ＜/P＞

    ＜P＞ ＜A HREF＝"http://www.pku.edu.cn/"＞

    瀏覽北大 ＜/A＞ ＜/P＞

＜/BODY＞ ＜/HTML＞

其中：＜P＞ ＜/P＞表示分段；

  ＜A HREF……＞ ＜/A＞表示插入超級連結。

思考：本例中兩個連結分別是前面介紹的超級連結三種情況中的哪種情況？

例5.3：顯示唐詩《遊子吟》。

＜HTML＞＜HEAD＞

　　　＜TITLE＞一首唐詩＜/TITLE＞

　　＜/HEAD＞

　　＜BODY bgColor＝#cc9999＞　＜center＞

＜FONT COLOR＝"blue"＞＜H1＞遊子吟＜/H1＞＜FONT＞

＜P＞＜FONT SIZE＝"5" COLOR＝"yellow"＞

　　　　慈母手中線,遊子身上衣。＜BR＞

　　　　臨行密密縫,意恐遲遲歸。＜BR＞

　　　　誰言寸草心,報得三春暉。

　　　　＜/FONT＞＜/P＞＜/center＞

＜/BODY＞＜/HTML＞

例5.4：顯示唐詩《靜夜思》。

＜HTML＞

　　＜HEAD＞＜TITLE＞靜夜思＜/TITLE＞＜/HEAD＞

　　＜BODY text＝"BLUE"＞　＜CENTER＞　＜H1＞靜夜思＜/H1＞

　＜P＞（唐詩）＜/P＞

　　＜FONT SIZE＝"5" FACE＝"楷體 GB2312" COLOR＝"RED"＞

　　床前明月光,疑是地上霜。＜/FONT＞＜BR＞

　　＜FONT SIZE＝"5" FACE＝"黑體" COLOR＝"DARKBLUE"＞

　　舉頭望明月,低頭思故鄉。＜/FONT＞

　　＜/CENTER＞

＜/BODY＞＜/HTML＞

思考：例5.4中頁面有幾行字，分別顯示什麼顏色？

5.3.3　網頁腳本語言初步認識

　　腳本（Script）實際上就是一段程序，用來完成某些特殊的功能（主要是讓它完成HTML不能做的事），有兩種類型的腳本，即服務器端腳本和客戶端腳本。客戶端腳本程序可以直接嵌入到HTML文檔中，並由客戶瀏覽器解釋執行（可減輕服務器的負荷）。腳本語言有VBScript和JavaScript等。VBScript簡稱VBS，是基於Visual BASIC的由微軟開發的一種腳本語言，目前這種語言廣泛應用於網頁和ASP程序製作。網頁中的VBS（JavaScript也一樣）可以用來指揮客戶方的網頁瀏覽器（瀏覽器執行VBS程序），可以用來實現動態HTML，甚至可以將整個程序結合到網頁中來。

　　例5.5：根據不同的時間段在網頁上發出問候語，如「早上好」等。

　　＜HTML＞＜BODY＞＜SCRIPT LANGUAGE＝"VBScript"＞

```
            H = HOUR( TIME( ) )         '求出系統時間的小時數
          IF H < 11 THEN                '判斷時數是否小於 11
             DOCUMENT. WRITE( "上午好！" )
          ELSE
             IF H < 13 THEN             '再判斷時數是否小於 13
                DOCUMENT. WRITE( "中午好！" )
             ELSE
                IF H < 18 THEN          '再判斷時數是否小於 18
                   DOCUMENT. WRITE( "下午好！" )
                ELSE
                   DOCUMENT. WRITE( "晚上好！" )
                END IF
             END IF
          END IF
       </SCRIPT></BODY></HTML>
```

也可以增加時間段，如下面例 5.6。

例 5.6：如果系統時間為 17:20，頁面將顯示什麼？

```
<HTML><BODY bgcolor = "lightblue" text = darkred><CENTER>
<font face = 黑體 size = 28><br>
   <SCRIPT LANGUAGE = "vbScript">
            H = HOUR( TIME( ) ) '求出系統時間的小時數
       IF H < 7 THEN '判斷時數是否小於 7
             DOCUMENT. WRITE( "這麼早就起床啦！佩服！" )
          ELSE
       IF H < 11 THEN '判斷時數是否小於 11
             DOCUMENT. WRITE( "早上好！上午精力充沛好好學習！" )
          ELSE
             IF H < 13 THEN '再判斷時數是否小於 13
                DOCUMENT. WRITE( "中午好！睡會兒午覺精神飽滿！" )
             ELSE
                IF H < 18 THEN '再判斷時數是否小於 18
                   DOCUMENT.WRITE("下午好！下午的時間總是過得很快！")
                ELSE
                   IF H < 22 THEN '再判斷時數是否小於 22
                      DOCUMENT.WRITE("晚上好！吃完晚飯看場電影！")
```

```
                              ELSE '時數大於等於 22
                                  DOCUMENT.WRITE("夜深了！好好休息啦!")
                              END IF
                          END IF
                      END IF
                  END IF
              END IF
              </SCRIPT>
           </font>   </CENTER>
        </BODY>   </HTML>
```

5.3.4　CSS、FLASH、GIF 動畫

5.3.4.1　介紹一款製作 GIF 動畫的小軟件：Ulead GIF Animator

　　Ulead GIF Animator 是友立公司出版的 GIF 動畫製作軟件，內建的 Plugin 有許多現成的特效可以立即套用，可將 AVI 文件轉成動畫 GIF 文件，而且還能將動畫 GIF 圖片最佳化，能將網頁上的動畫 GIF 圖檔「減肥」，以便讓人能夠更快速地瀏覽網頁。

5.3.4.2　CSS

　　以前，網頁一般都使用表格進行排版設計，優點在於設計製作速度快。尤其在 FrontPage 等可視化網頁編輯器中，這樣設計顯得直觀而方便。然而，層層嵌套的表格設計會使網頁代碼變得冗長複雜，使文件體積增大，且不容易被搜索引擎查找。同時，這樣做也不利於大型網站的改版工作。因此，隨著許多主流網頁瀏覽器對 CSS 的支持度提高，近年來興起了一種新的網頁設計模式，即標記語言（如 HTML、XML）負責定義頁面的內容，而不定義任何網站外觀樣式（風格）特點。網站外觀樣式（風格）則由單獨的 CSS 文檔負責進行批量定義。在排版方面，這種模式提倡使用由 CSS 定義的 DIV 進行頁面排版，而表格則逐漸還原為排列數據的最初功能。這種模式有許多優點，如容易被搜尋引擎查找、減小文件體積、提高瀏覽速度，而且一個 CSS 文檔可以被用來控制多個頁面的樣式，給改版帶來了很大方便。圖 5.11 和圖 5.12 給出了四川大學網站使用 CSS 前後的效果。

圖 5.11　未添加 CSS 的網頁效果

圖 5.12　添加了 CSS 的網頁效果

網站建設之前，首先進行網站規劃，然後進行網站設計，再進行靜態網站製作，加入動態效果，最後嵌入程序，以上就是網站設計製作的基本步驟。

本章小结

　　本章主要介紹了電子商務網站建設與相關技術，包括互聯網（Internet）概述、TCP/IP 協議、IP 地址與域名、萬維網簡介以及電子商務網站規劃設計等內容。

　　1. 互聯網已經成為企業、政府和研究機構共享信息的基礎設施，同時也是開展電子商務的基礎。一個網路連接到互聯網的任何一個節點上，就意味著連入了整個互聯網，並作為它的一個組成部分。

　　2. 互聯網統一使用 TCP/IP 協議，該協議是互聯網上最基本的協議，其英文名稱是 Transfer Control Protocol/Internet Protocol。儘管這兩個協議可以分開使用，各自完成自己的功能，但由於它們是在同一時期為一個系統來設計的，並且功能上也是相互配合、相互補充的，因此計算機必須同時使用這兩個協議，因此常把這兩個協議稱作為 TCP/IP 協議。

　　3. IP 地址是一個 32 位的二進制數，為書寫方便和記憶，通常採用點分十進制表示法，即 8 位一組分成四組，每組用十進制數表示，並由圓點分隔。由於用數字表示的 IP 地址難以記憶，不如用字符表示直觀，為了便於使用和記憶，也為了易於維護和管理，我們採用一種稱為域名的表示方法來表示 IP 地址，所以，域名可以看做是用字符表示的 IP 地址。

　　4. 互聯網的迅速發展有賴於萬維網工具。萬維網起源於 1989 年 3 月，是由歐洲量子物理實驗室 CERN（the European Laboratory for Particle Physics）所發展出來的主從結構分佈式超媒體系統。萬維網是互聯網的多媒體信息查詢工具，是互聯網上近年才發展起來的服務，也是發展最快和目前最廣泛使用的服務。萬維網是一種建立在互聯網上的全球的、交互的、動態的、多平臺的分佈式圖形信息系統。利用萬維網，人們只需要使用簡單的方法，就可以迅速、方便地取得豐富的信息資料。

　　5. 電子商務網站具有節省信息查詢時間、提高效率、提供多種溝通渠道、為客戶提供個性化的網站與服務、提供企業信息、提供網路廣告及客戶反饋、提供客戶在線支付與查詢、提供決策工具、在線使用多媒體等功能。企業通過電子商務網站可以在線宣傳其形象、發布企業產品動態、展示產品目錄、集成產品發布系統、集成訂單系統，電子商務網站具有易用性、及時性等特點。在建立電子商務網站時，對於電子商務網站的風格、網站功能定位、市場分析、盈利模式、支付系統等的規劃設計非常關鍵。

　　6. 網站設計製作步驟：網站建設之前，首先進行網站規劃，然後進行網站設計，再進行靜態網站製作，加入動態效果，最後嵌入程序。

本章习题

單項選擇題

1. 網頁 HTML 語言中的標籤 <A> 用來表示（   ）。
   A. 超級連結   B. 圖片   C. 文字   D. 動畫
2. IP 地址是一個（   ）位的二進制數。
   A. 32   B. 16   C. 64   D. 8

簡答題

1. 電子商務網站常見的網頁元素有哪些？CSS 在網頁源代碼中添加的位置是哪裡？CSS 的作用是什麼？
2. 網頁中的
 與 <p> 標記有何區別？
3. 文件 Welcome.htm 源文件代碼如下：

```
<HTML>
    <HEAD>
<TITLE>
welcome
</TITLE>
</HEAD>
    <BODY bgcolor=purple>
<br>
        <font face=黑體 size=34 color=yellow>
            <center>
歡迎來到我的世界
</center>
        </font>
    </BODY>
</HTML>
```

請回答以下問題：

（1）該頁面是否有背景顏色？如果有，是什麼？該頁面的內容是否居中顯示？

（2）該頁面是否有 TITLE？如果有，是什麼？TITLE 的內容會在頁面的什麼地方顯示出來？

（3）標籤
 的作用是什麼？

（4）如果將 <font> 標籤中的 "color = yellow" 去掉，請修改 welcome.htm 的源文件，使其顯示的效果不變（即修改其他標籤內容，使該頁面顯示效果相同）。

實踐操作題

1. 請使用任意一款 GIF 動畫製作軟件，進行 GIF 動畫製作練習（自選效果），並思考 GIF 動畫中的幀和層的關係是什麼？

2. 用 DREAMWAVER 和 FRONTPAGE 軟件製作網頁時，如何添加圖片？如果不使用網頁製作軟件，那麼在網頁源代碼中，如何編寫添加圖片的代碼？

6 電子商務物流管理

電子商務中的任何一筆交易都會涉及四個方面：商品所有權的轉移；貨幣的支付；有關信息的獲取與應用；商品本身的轉交。即幾種基本的「流」：商流、資金流、信息流、物流。

物流，作為四流中最為特殊的一種，是指物質實體（商品或服務）的流動過程，具體指運輸、儲存、配送、裝卸、保管、物流信息管理等各種活動。而在電子商務交易中，我們作為買方時能夠直觀地感受和體會到物流服務，比如在線購物一兩天後快遞送貨上門。

6.1 物流概述

物流的概念最早源於美國，其內涵是指實物配送，是企業、銷售商自身的運輸、倉儲、包裝等活動。在第二次世界大戰中，美國的後期組織成功地將戰略物資源源不斷地輸送到全球各地，使得美軍能夠實施全球化戰略。第二次世界大戰後，隨著美國企業全球化經營的發展，傳統的實物配送 PD 理論不能滿足實踐需要，PD 逐漸被 Logistics 取代。這一重要變革，是將物流活動從被動、從屬的職能活動上升到企業經營戰略的一個重要組成部分，而對物流活動作為一個系統整體加以管理和運行，從對活動的概述和總結上升到以實現顧客滿意為第一目標，以企業整體效益最優化為目的，運用現代技術，對商品運動進行高效的一體化管理層次。

6.1.1 物流的定義

中國國家標準《物流術語》對物流的定義是：物品從供應地向接受地的實體流動過程，根據實際需要，將運輸、倉儲、裝卸、搬運、包裝、加工、配送、信息處理等基本功能實施有機結合。

美國物流管理協會（Council of Logistics Management，CLM）1998 年對物流的定義是：物流是供應鏈過程的一部分，是以滿足客戶需求為目的，以高效和經濟的手段來組織產品、服務以及相關信息從供應到消費的運動和存儲的計劃、執行和控制的過程。

可見，不同國家的不同組織和研究機構對物流的定義不盡相同，但一般來說，物流是為滿足消費者需要而進行的原材料、中間過程庫存、最終產品和相關信息從起點到終點之間有效流動和存儲的計劃、實施和控制管理過程。主要包括運輸、儲存、包裝、裝卸、配送、流通加工、信息處理等活動。

6.1.2 商流與物流

電子商務也就是商品或服務所有權的買賣，即商流。商流要靠物流支持，所以物

流是電子商務的重要組成部分，兩者是相互對應的關係。

在商流活動中，商品所有權在購銷合同簽訂的那一刻起，便由供方轉移到需方，而商品實體並沒有因此而移動。在傳統的交易過程中，除了非實物交割的期貨交易外，一般的商流都必須伴隨相應的物流活動，即按照需方（購方）的需求將商品實體由供方（賣方）以適當的方式、途徑向需方轉移。

而在電子商務環境下，消費者通過上網購物，就完成了商品所有權的交割過程，即商流過程。但電子商務活動並未結束，只有商品和服務真正轉移到消費者手中，商務活動才告以終結。在整個電子商務的交易過程中，物流實際上是以商流的後續者和服務者的姿態出現的。

6.1.3 物流的構成要素

物流活動的構成要素包括輸送、儲存、裝卸、包裝、流通加工、信息等。

輸送是使物品發生場所、空間移動的物流活動。輸送體系中的運輸主要指長距離的兩地點間的商品和服務移動，而短距離的、少量的輸送常常被稱為配送。儲存具有商品儲藏管理的意思，它有時間調整和價格調整的功能。裝卸是跨越交通機關和物流設施而進行的，發生在輸送、保管、包裝前後的商品取放活動。包裝是在商品輸送或儲存過程中，為保證商品的價值和形態而從事的物流活動。流通加工是在流通階段所進行的為保存而進行的加工或者同一機能形態轉換而進行的加工，流通加工是提高商品附加值、促進商品差別化的重要手段之一。信息是使物流活動能有效、順利地進行的消息，包括與商品數量、質量、作業管理相關的物流信息，以及與訂、發貨和貨款支付相關的商流信息。

6.1.3.1 運輸

運輸在實踐中應用廣泛。通過運輸可以使貨物在物流據點之間流動，從而產生場所功效，解決貨物空間間隔的問題。運輸具有擴大市場、穩定價格、促進社會分工、擴大流通範圍等社會經濟功能。因此，運輸對發展經濟，提高國民生活水平有著十分巨大的影響，現代的生產和消費，就是靠運輸事業的發展來實現的。

運輸一般分為輸送和配送。在物流活動要素裡介紹的運輸是指前面一種輸送的概念。運輸是物流的關鍵功能之一。

（1）運輸的兩大功能。商品轉移和商品儲存。運輸的主要功能就是將商品在價值鏈中不斷移動。由於運輸要利用時間、資金以及環境等各種資源，所以，只有當運輸確實能提高商品價值時，這樣的移動才是有價值的。在企業中，運輸的主要目的就是要以最低的時間、財務和環境資源成本，將商品從供應地轉移到需要地。此外，還要保證商品盡可能完好。此外，運輸還有商品儲存功能，即可以把運輸工具作為對商品臨時儲存的場所，但要注意這是成本相當高的儲存設施。

(2) 運輸的方式。運輸的基本方式有五種，除管道運輸外，在企業運輸中，涉及四種，它們分別是鐵路運輸、公路運輸、水運運輸和航空運輸。企業可以使用單一的運輸方式，也可以將幾種不同的運輸方式組合起來使用。各種運輸方式的特點如下：

①鐵路運輸。鐵路是陸地長距離運輸的主要方式。以前，鐵路在貨運中占主導地位，可是隨著經濟的發展，消費需求不斷變化，鐵路的不足之出逐漸顯現出來。近年來，隨著高速公路的建設，公路運輸業蓬勃發展，使鐵路的收入和噸公里運輸份額逐漸下降。但是今天，隨著對環境問題的日益關心，人們又重新開始重視鐵路。鐵路在運輸市場中的份額逐漸趨於平穩。

②公路運輸。汽車常用來配送產品的短距離運輸。公路運輸的優點非常明顯，這也是其迅速增長的主要原因。然而，公路運輸也存在缺點。儘管在公路運輸中存在各種各樣的問題，但是可以預見，公路運輸將繼續在物流作業中起著骨幹作用。

③水路運輸。水路運輸是最古老的運輸方式。水陸運輸通常又可以分為海洋運輸和內河運輸。在過去的時間裡，水路運輸的市場份額有所增長，大批的產品運輸逐漸從鐵路和公路轉移到成本更低的水路運輸上了。水路運輸有優點和缺點。對於今後的物流系統來說，水路運輸仍將繼續成為可利用的選擇。但要將它放入物流系統中，與其他運輸方式相結合。除了本身所具有的優點，水路運輸還具有中轉存儲的功能。

④航空運輸。最新的運輸方式是航空運輸，它有明顯的優點和缺點。目前採用航空運輸的主要是像聯邦快遞和UPS這類提供溢價運輸服務公司。對於高價值產品和對時間要求高的服務需求來說，航空運輸是一種非常理想的運輸方式。

(3) 運輸方式的選擇。企業在評估以上各種運輸方式時，要根據自身的需要對一些因素分配權重。一般認為運輸費和運輸時間是最為重要的因素。這裡還需要注意的是運輸服務與運輸成本之間，運輸成本與其他物流成本之間的關係。

在選擇合適的運輸方式時，一般需要考察以下方面：運費的高低、運輸時間的長短、可以運輸的次數（頻率）、運能的大小、運輸貨物的安全性、運輸貨物時間的準確性、運輸貨物的適用性、能適合多種運輸需要的伸縮性、與其他運輸方式銜接的靈活性、以及提供貨物所在位置信息的可能性。

(4) 運輸服務供應商。以前大多數的運輸服務供應商只提供單一的運輸服務（像鐵路局、公路局、航空運輸公司等這些運輸服務供應商僅利用一種運輸方式提供服務）方式，而隨著客戶需求的變化，單一運輸方式的格局逐漸被打破而形成了多式聯運運輸服務（多式聯運是指使用多種運輸方式，利用各種運輸方式各自的內在經濟，在最低的成本條件下提供綜合性服務。對於每一種多式聯運的組合，其目的都是要綜合各種運輸方式的優點，以實現最優化的績效）、專門化運輸等多種形式。

(5) 運輸管理。不論公司是否擁有車隊，大多數公司都有運輸管理部門，負責本公司內部、外部的運輸事務。現代運輸部門所肩負的責任遠遠超過傳統的內容，因為

運輸部門能對公司的物流成本產生重大影響。運輸部門負責的主要工作如下：評估運輸商、費率談判、跟蹤和處理、索賠管理、制訂設備計劃，此外，還必須計劃、協調和監督設備必要的維修和保養。

在大多數物流系統中，運輸是最高的單一成本領域。物流系統對有效的運輸能力有很強的依賴性，因此，運輸部門必須在整個物流系統的計劃制訂中發揮積極的作用。此外，運輸部門還有責任去尋找可供選擇的方法，以便充分利用運輸服務來降低整個物流系統的總成本。

6.1.3.2 儲存

儲存是物流的主要功能要素之一。在物流中，運輸承擔了改變商品空間狀態的重任，物流的另一重任即改變商品時間狀態則由儲存來承擔。所以，在物流系統中，運輸和儲存是物流的兩大支柱，是其並列的兩大主要功能。

儲存的有利作用體現在兩個方面：一是創造「時間效用」。儲存的功能是解決生產與消費之間的時間差，使商品在需要時及時獲得，保障了商品供給。需要解決這方面問題的主要是季節性生產和全年消費或季節性消費和全年生產之間的矛盾。二是創造利潤。有了庫存保證，就無需緊急採購，不致加重成本使該賺的少賺；有了儲存保證，就能在有利時機進行銷售，或在有利時機購進。

但儲存如果管理不好，也經常有衝減物流系統效益、惡化物流系統運行的趨勢。首先，庫存會引起倉庫建設、倉庫管理、倉庫工作人員工資、福利等費用開支增加。其次，儲存物資占用資金的利息，以及這部分資金如果用於其他項目的機會成本都比較大。最後，物資在庫存期間可能發生各種物理、化學、生物、機械等損失，還會產生儲存物投保繳納保險費的支出與進貨、驗收、保管、發貨、搬運等工作工資成本。

確定合理庫存是物流管理的重要內容之一。目前庫存管理還沒有統一的模型，企業需根據自己的具體情況，建立有關模型，解決具體問題。

6.1.3.3 包裝

在物流中，包裝包括商品的物質形態和盛裝商品時所採取的技術手段和工藝操作過程，它是在流通過程中保護商品、方便儲存、促進銷售，按一定技術方法而採用的容器、材料及輔助物等的總稱。

6.1.3.4 裝卸搬運

物流作業系統的一個重要組成部分就是設備在設施內的移動，即裝卸搬運活動。裝卸活動是物流各項活動中出現頻率最高的一項作業活動。裝卸是指物品在空間上所發生的以垂直方向為主的位移；搬運是指物品在倉庫範圍內所發生的短距離的、以水平方向為主的位移。因為物品在多數情況下是裝卸和搬運兩者的疊加，所以將在同一區域範圍內進行的，以改變物品的存放狀態和空間位置為主要目的活動稱為裝卸搬運。

6.1.3.5 流通加工

流通加工是物流中具有一定特殊意義的物流形式，它不是每一個物流系統必需的功能。生產是通過改變物資的形式和性質創造產品的價值和使用價值，而流通則是保持物資的原有形式和性質，完成商品所有權的轉移和空間形式的位移。

《中華人民共和國國家標準物流術語》對流通加工的定義如下：流通加工是為了提高物流速度和物品的利用率，在物品進入流通領域後，按客戶的要求進行的加工活動，即在物品從生產者向消費者流動的過程中，為了促進銷售、維護商品質量和提高物流效率，對物品進行一定程度的加工。流通加工通過改變或完善流通對象的形態來實現「橋樑和紐帶」的作用，因此流通加工是流通中的一種特殊形式。隨著經濟增長，國民收入增多，消費者的需求出現多樣化，促使在流通領域開展流通加工。目前，在世界許多國家和地區的物流中心或倉庫經營中都大量存在流通加工業務，在日本、美國等物流發達國家則更為普遍。

6.1.3.6 物流中所涉及的信息問題

物流信息是伴隨著物流而產生的，經過採集處理、傳播形成的「信息流」，它引導和調節物流的數量、方向、速度，使物流按規定的目標和方向運動。

物流和信息關係十分密切，物流從一般活動成為系統活動，有賴於信息的作用。如果沒有信息，物流則是一個單向的活動；只有靠信息的反饋作用，物流才成為一個有反饋作用的，包括了輸入、轉換、輸出和反饋四大要素的現代系統。

物流信息對整個物流系統起著融會貫通的作用，對物流活動起支持作用，對提高經濟效益也起著非常重要的作用，對物流現代化管理非常重要。

6.1.4 物流種類

（1）企業生產物流。生產週期內的物流活動：將原材料、半成品、燃料、外購件投入生產後，經過下料、發料，運送到各加工點和存儲點，以及在製品形態從一個生產單位流入另一個生產單位，按照規定的工藝路線進行加工、存儲，借助一定的運輸工具在某個點內流轉，又從某個點流出，物料始終處於實物形態的流轉過程。

（2）企業廢棄物物流。企業生產過程中排放的廢棄物的運輸、裝卸、處理等物流活動。

（3）供應鏈物流。它包括企業供應物流和銷售物流活動，是電子商務的支撐系統。

供應鏈（Supply Chain）指生產及流通過程中，涉及將產品或服務提供給最終用戶活動的上游與下游企業，所形成的有一定方向的、相互依存關係稱為供應鏈。

供應鏈分成內部供應鏈和外部供應鏈兩種。內部供應鏈由採購、製造、分銷等部

門組成。外部供應鏈包括原材料和零配件供應商、製造商、銷售商和最終用戶。

供應鏈跨越了組織的邊界。供應鏈中物流的方向是自供應商至零售商至客戶。供應鏈中需求信息的方向是自客戶到供應商。

供應鏈管理（Supply Chain Management，SCM）指對整個供應鏈所有環節的活動進行統一的計劃、組織、協調和控制。供應鏈管理包括訂單生成、訂單傳送、訂單完成以及商品和服務的配送過程的全面合作。供應鏈管理的目標是：①加快產品從生產到市場的時間；②降低庫存水平；③減少總費用；④保證顧客服務及顧客滿意。

6.1.5 多方物流

（1）第一方物流。由製造商或生產企業自己完成的物流活動稱為第一方物流，第一方物流也叫自營物流，是物資提供者自己負責物資的流動、倉儲和貨運。也就是說，第一方物流即賣方、生產者或者商品供應方組織的物流活動，這些組織的主要業務是生產與供應商品，但為了其自身生產和銷售的需要而對物流網路及設備進行投資、經營與管理。第一方物流在實施時，一般要求供應方或者廠商投資配備一些倉庫、運輸車輛等物流基礎設施。賣方為了保證生產正常進行而建設的物流設施是生產物流設施，為了產品的銷售而在銷售網路中配備的物流設施是銷售物流設施。海爾是第一方物流的知名企業，由自身來完成商品的配送運輸活動。

（2）第二方物流。第二方物流是由物資的需求者自己解決所需物資的物流問題，以實現物資的空間位移。

（3）第三方物流。第三方物流是第一方，第二方之外的專業組織來完成物流功能。如在網上購物時，選擇中通快遞送貨到家服務，就是典型的第三方物流服務。

6.1.6 第三方物流

隨著信息技術的發展和經濟全球化趨勢，越來越多的產品在世界範圍內流通、生產、銷售和消費，物流活動日益龐大和複雜，而傳統物流中第一、第二方物流的組織和經營方式已不能完全滿足社會需要；同時，為參與全球性競爭，企業必須確立核心競爭力，加強供應鏈管理，把不屬於核心業務的物流活動外包出去，以降低物流成本。於是，第三方物流應運而生。

（1）第三方物流企業的定義。在物料轉移過程中，與物流所有權不相關、專門從事物料轉移服務工作的企業。它既不是委託方也不是接收方，而是第三方。

（2）第三方物流的優勢。第三方物流是提供物流專業服務的企業，它可以滿足客戶多方面的需要、整合社會資源、節省成本，又淘寶購物可向客戶提供個性化服務，如向客戶提供物流報告或者在線貨物流向跟蹤等。

(3) 第三方物流的地位。第三方物流的發展水平是衡量一個國家物流業發展水平的重要標誌。電子商務交易中的物流主要是採用第三方物流。

6.1.7 現代物流與傳統物流的比較

(1) 從物流功能上看，傳統物流的主要功能是運輸和倉儲，而現代物流則包括了除運輸、倉儲之外的物流配送、物流信息技術處理和物流服務等功能，同時強調功能的集成。

(2) 從運作理念上看，傳統物流理念是以企業的生產製造過程即產品生產為價值取向的，企業在向市場提供服務時，主要著眼於企業所擁有的資源並以自身的成本核算為服務價值取向，而對服務比較淡薄，缺乏服務意識，這就表現為服務的被動性、波動性、短期性，因而難以達到服務增值的目的。而現代物流理念則以企業的客戶服務為價值中心取向，因而更加強調了物流運作的客戶服務導向性。

(3) 從價值實現上看，傳統物流主要通過商流與物流的統一來實現物的使用價值的轉換，從而創造時間價值與空間價值。可見，其價值實現的方式和途徑比較單一。而現代物流則強調以滿足消費者的需求為目標，以第三方物流為基礎，聯合供應商和銷售商，把戰略、市場、研發、採購、生產、銷售、運輸、配送和服務等各個環節有機地融合在一起，通過商流與物流的分離，降低物流成本，優化物流資源配置，加強物流信息化建設，提供專業的物流服務來實現物流價值的增值。因此，其價值實現的方式和途徑靈活多樣。

(4) 從管理模式上看，傳統物流還沒有出現真正意義上的物流管理意識，物流各要素相互之間獨立發展，物流方式以第一、第二方物流為主；在物流成本的管理上，不是以降低物流總成本為目標，結果是物流總成本的上升。現代物流的管理強調超越現有的組織界限由企業內部延伸到企業外部，將供應商、分銷商以及用戶等納入物流管理的範圍，並建立和發展具有網路組織特點的物流聯盟，以第三方物流的專業化物流服務為基礎，有利於降低成本，並實現消費者與供應商之間的物流與信息流的整合。

6.2 電子商務物流管理

電子商務物流管理是研究最小費用下，配合電子商務的信息傳遞，將物質資料從供給地向需要地轉移、滿足客戶需要的活動。

6.2.1 電子商務對物流主要作業環節的影響

(1) 採購。傳統的採購極其複雜。採購員要完成尋找合適的供應商、檢驗產品、

下訂單、接取發貨通知單和貨物發票等一系列複雜繁瑣的工作。而在電子商務環境下，企業的採購過程會變得簡單、順暢。隨著計算機網路技術發展和專業採購網站的出現通過網路採購，可以接觸到更大範圍的供應廠商，從而有效降低採購成本。

（2）配送。配送在其發展初期，主要是以促銷手段的職能來發揮作用。而在電子商務時代，B2C 的物流支持都要靠配送來提供，B2B 的物流業務會逐漸外包給第三方物流，其供貨方式也是配送制。沒有配送，電子商務物流就無法實現，電子商務也就無法實現，電子商務的命運與配送業連在了一起。同時，電子商務使製造業與零售業實現「零庫存」，實際上是把庫存轉移給了配送中心，因此配送中心成為整個社會的倉庫。

6.2.2 電子商務與物流的關係

電子商務只是改變了交易的方式和流程，並沒有改變交易的本質內容。電子商務交易活動依然是商流、物流、資金流和信息流的統一。其中，商流、信息流、資金流通過網路進行，而物流依然需要在現實世界通過物理的方式完成。因此，物流是電子商務賴以實現的條件。

對於虛擬商品或服務的交易來說，可以直接通過網路傳輸的方式進行，如各種電子出版物、信息諮詢服務、有價信息軟件等，因此，這類電子商務交易不需要物流的參與。

6.2.3 運輸成本控制是電子商務供應鏈管理中的關鍵環節

運輸成本控制是電子商務供應鏈管理中的關鍵環節，而運輸成本控制中最關鍵的就是選擇有效的貨物運輸網路。

主要的運輸網路包括：直接運輸網路、利用「送奶線路」的直接運送網路、所有貨物通過配送中心的運輸網路等。它們各有優缺點，下面對此分別闡述。

6.2.3.1 直接運輸網路

直接運輸網路指所有貨物直接從供應商處運達需要地（如圖 6.1 所示），每一次運輸的線路都是指定的，供應鏈管理者只需決定運輸的數量並選擇運輸方式。

如果需要地的需求規模足夠大，每次的最佳補給規模都與運輸工具的最大裝載量相接近，那麼直接運輸網路就是行之有效的。對小的需求來說，直接運輸網路的成本過高。可見，直接運輸網路的主要優勢是：無需仲介倉庫，而且在操作和協調上簡單易行；運輸決策完全是地方性的，一次運輸決策不影響別的貨物運輸；從供應商到需要地的運輸時間較短。

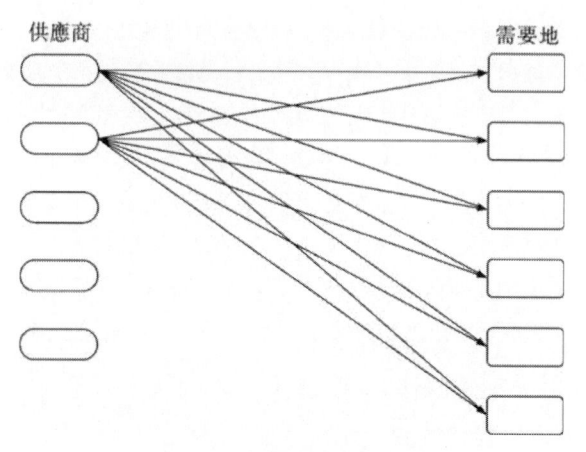

圖 6.1　直接運輸網路示意圖

6.2.3.2　利用「送奶線路」的直接運送網路

一輛卡車將從一個供應商那裡提取的貨物送到多個零售店時所經歷的線路，或者從多個供應商那裡提取貨物送至一個零售店時所經過的線路在物流中被稱為「送奶線路」（如圖 6.2 所示）。供應鏈管理者必須對每條送奶線路進行規劃。送奶線路通過多家零售店在一輛卡車上的聯合運輸降低了運輸成本。

顯然，利用「送奶線路」的直接運送網路的適用於小批量貨物運送，運輸成本和庫存水平都比較低。

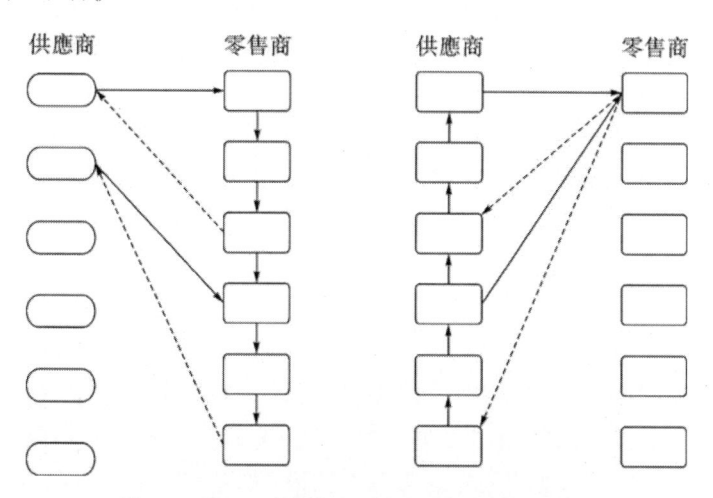

圖 6.2　利用「送奶線路」的直接運送網路示意圖

6.2.3.3　所有貨物通過配送中心的運輸網路

（1）配送中心。根據《物流用語國家標準》，配送中心是裝備有現代物流技術及信息系統的物料倉儲機構，並提供一定服務範圍內的送貨上門服務，接受並處理末端用戶的訂貨信息，對上游運來的多品種貨物進行分揀，根據用戶訂貨要求進行揀選、加工、儲備等作業，並進行送貨的設施和機構。

使用通過配送中心的運輸網路時，供應商並不直接將貨物運送到零售店，而是先運到配送中心，再運到零售店（如圖 6.3 所示）。配送中心對貨物進行保管，並起到轉運點的作用。

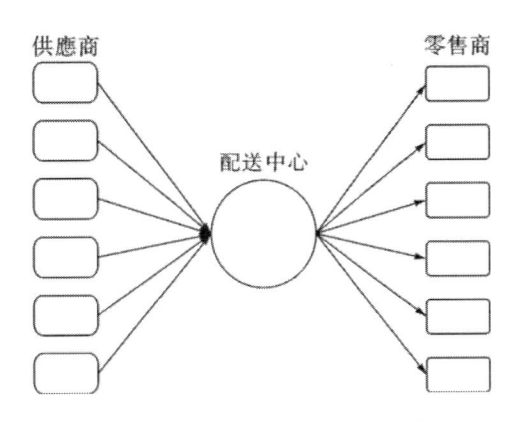

圖 6.3　通過配送中心的運輸網路示意圖

（2）配送中心的特點。當供應商和零售店之間的距離較遠、運費高昂時，配送中心通過使進貨地點靠近最終目的地，使供應鏈獲取了規模經濟效益，因為每個供應商都將中心管轄範圍內的所有商店的進貨送至該配送中心。由於配送中心只為附近的商店送貨，因此，配送中心的送貨費一般都不會太高。

（3）使用配送中心的目標。使用通過配送中心的運輸網路，有以下主要目標：①配送中心拉近了產品與市場間的距離，以擴大商品佔有率。②降低成本。通過配送中心向商圈四周輻射，縮短了運輸距離，並最大程度實現資源共享。③快速回應客戶的需要，提高服務質量。

6.2.3.4　通過配送中心使用「送奶線路」的運送

如果每家商店的進貨規模較小，配送中心就可以使用「送奶線路」向零售商送貨。許多網上商店在向客戶送貨時，也從配送中心使用「送奶線路」，以便減少小規模的送貨上門的運輸成本。使用貨物對接和「送奶線路」要求高度的協調以及對「送奶線路」的合理規劃和安排。通過配送中心使用「送奶線路」的運送網路如圖 6.4 所示。

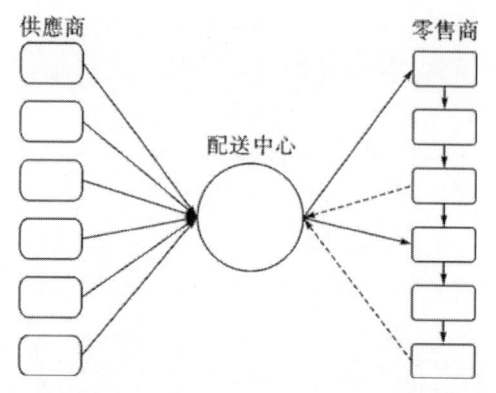

圖 6.4　通過配送中心使用「送奶線路」的運送網路示意圖

6.2.3.5　量身定做（定制化）的運輸網路

定制化的運輸網路是根據不同的客戶和產品特徵，運用不同的運輸方式和運輸網路進行運輸。它是上述運輸體系的綜合利用，在運輸過程中綜合利用貨物對接、「送奶線路」、滿載和非滿載承運，甚至在某些情況下使用包裹遞送。其目的是視具體情況，採用合適的運輸方案，減少運輸成本和庫存成本。定制化的運輸網路體系的管理比較複雜，因為大量不同的產品和商店要使用不同的運送程序。

6.2.3.6　不同運輸網路的優點和缺點

不同運輸網路的優點和缺點如下：

直接運輸網路的優點是無需中間倉庫、協作比較簡單。其缺點是庫存水平高、接收費用大。

利用「送奶線路」的直接運送網路的優點是適合小批量貨物較低的運輸成本，以及較低的庫存水平。其缺點是協調的複雜性比直接運輸網路大。

通過配送中心的運送網路的優點是通過聯合降低了進貨運輸成本。其缺點是增加了庫存成本和配送中心的處理費用。

通過配送中心利用「送奶線路」的運送網路的優點是小批量貨物有較低的送貨成本。其缺點是協調的複雜性進一步加大。

量身定做的運輸網路的優點是運輸方式的選擇與單個產品和商店的需求十分匹配。其缺點是協調的複雜性最大。

6.2.4　物流信息技術

6.2.4.1　條形碼技術

條形碼是將寬度不等的多個黑條和空白，按照一定的編碼規則排列，用以表達一組信息的圖形標示符。常見的條形碼是由反射率相差很大的黑條和白條排成的平行線圖案。條形碼可以標出物品的生產國、製造廠家、商品名稱、生產日期、圖書分類

號、郵件起止地點、類別、日期等許多信息，因而在商品流通、圖書管理、郵政管理、銀行系統等許多領域都得到了廣泛的應用。

條形碼技術是隨著計算機與信息技術的發展和應用而誕生的，它是集編碼、印刷、識別、數據採集和處理於一身的新型技術。為了使商品能夠在全世界自由、廣泛地流通，企業無論是設計製作，申請註冊還是使用商品條形碼，都必須遵循商品條形碼管理的有關規定，使用條形碼掃描是市場流通的大趨勢。

目前，國際廣泛使用的條碼種類有 EAN 碼、UPC 碼、Code39 碼、ITF25 碼、Codebar 碼。ISBN 碼、ISSN 用於圖書和期刊。

6.2.4.2 掃描技術

自動識別技術的另一個關鍵組件是掃描處理，這是條形碼系統的「眼睛」。掃描儀從視覺上收集條形碼數據，並把它們轉換成可用的信息。現在較為流行的有兩種掃描儀，即手提掃描儀和定位掃描儀。每種類型都能使用接觸和非接觸技術。

掃描技術在物流管理中的應用已經非常普遍了，主要的應用領域有兩個方面。第一種應用是零售商店的銷售時點信息系統（Point of Sale，POS）。除了在現金收入機上給顧客打印收據外，POS 應用可在商店層次上提供精確的存貨控制。第二種應用是針對物料搬運和跟蹤的。通過掃描槍的使用，物料搬運人員能夠跟蹤產品的搬運，儲存地點，裝船和入庫。傳統的手工跟蹤作業要耗費大量的時間，並容易出錯，而通過在物流應用中廣泛地使用掃描儀，將會提高生產率，減少差錯。

6.2.4.3 地理信息系統

地理信息系統（Geographic Information System，GIS）有時又稱為「地學信息系統」或「資源與環境信息系統」。它是一種特定的十分重要的空間信息系統。它是在計算機軟、硬件系統支持下，對整個或部分地球表層（包括大氣層）空間中的有關地理分佈數據進行採集、儲存、管理、運算、分析、顯示和描述的技術系統。

地理信息系統是多種學科交叉的產物，它以地理空間數據為基礎，採用地理模型分析方法，適時地提供多種空間和動態的地理信息，是一種為地理研究和地理決策服務的計算機技術系統。

地理信息系統所處理的數據可分為空間數據與屬性數據兩種。空間數據是與地理位置有關的數據，一般來說，是以坐標的方式來表示。而屬性數據則是與地理位置無關的數據。在空間數據中的各個對象，彼此之間有空間的關聯性，再加上空間數據與屬性數據之間的聯結關係，就構成一個地理信息系統。系統兼具查詢、顯示、分析、數據管理等多種功能。

地理信息系統可以將表格型數據轉換為地理圖形顯示，然後對顯示結果進行瀏覽、操作和分析。地理信息系統的地理數據分析功能顯示範圍可以從洲際地圖到非常詳細的街區地圖，顯示對象包括人口、銷售情況、運輸線路以及其他內容。

GIS 應用於物流分析，主要是指利用 GIS 強大的地理數據功能來完善物流分析技術。國外公司已經開發出利用 GIS 為物流分析提供專門的分析工具軟件。完整的 GIS 物流分析軟件集成了車輛路線模型、最短路徑模型、網路物流模型、分配集合模型和設施定位模型等。

6.5.3.4 GPS 貨物追蹤系統

全球定位系統（Global Positioning System，GPS），GPS 接收器利用衛星發送的信號確定衛星在太空中的位置，並根據無線電波傳送的時間來計算它們之間的距離。計算出至少 3～4 顆衛星的相對位置後，GPS 接收器可利用幾何學原理來，確定自己的位置。它結合了衛星及無線技術的導航系統 具備全天候、全球覆蓋、高精度的特徵，能夠即時、全天候為全球範圍內的陸地、海上、空中的各類目標提供持續、即時的三維定位、三維速度及精確時間信息。

全球定位系統是美國從 20 世紀 70 年代開始研製，於 1994 年全面建成，具有在海、陸、空進行全方位即時三維導航與定位能力的新一代衛星導航與定位系統。在中國，GPS 已成功地應用於大地測量、工程測量、航空攝影測量、運載工具導航和管制、地殼運動監測、工程變形監測、資源勘察、地球動力學等多種學科。隨著全球定位系統的不斷改進以及軟、硬件的不斷完善，其應用領域也在不斷拓展，目前已遍及國民經濟各種部門，並開始逐步深入人們的日常生活。

基於 GPS 應用的物流配送系統功能有以下幾方面：

（1）路線的規劃和導航，由計算機軟件按照要求自動設計最佳行駛路線，包括最快的路線、最簡單的路線、通過高速公路路段次數最少的路線等，車輛導航將成為未來全球衛星定位系統應用的主要領域之一，中國已有多家公司在開發和銷售車載導航系統。

（2）用於車輛定位與跟蹤調度。利用 GPS 和電子地圖可即時顯示出車輛的實際位置，對配送車輛和貨物進行有效的跟蹤，指揮中心可監測區域內車輛的運行狀況，對被測車輛進行合理調度。

（3）用於鐵路運輸管理。中國鐵路開發的基於 GPS 的計算機管理信息系統，可以通過 GPS 和計算機網路即時收集全列列車、機車、車輛、集裝箱及所運貨物的動態信息，可實現列車、貨物追蹤管理。只要知道貨車的車種、車型、車號，就可以立即從鐵路網上流動著的幾十萬輛貨車中找到該貨車，查到該車的位置以及所有的車載貨物發貨信息。

（4）用於軍事物流。全球衛星定位系統首先是因為軍事目的而建立的，如後勤裝備的保障等方面，應用相當普遍。尤其是在美國，其在世界各地駐扎的大量軍隊無論是在戰時還是在平時都對後勤補給提出了很高的需求 。目前，中國軍事部門也在運用 GPS。

6.2.4.5 智能交通系統

智能交通系統（ITS）是一種將先進的信息技術、數據通信傳輸技術、電子傳感技術、控制技術及計算機技術等有效地集成一體，並運用於整個地面交通管理系統的、大範圍、全方位發揮作用的、即時、準確、高效的綜合交通運輸管理系統。

當前 ITS 的服務領域有先進的交通管理系統、出行者信息系統、公共交通系統、車輛控制系統、營運車輛調度管理系統、電子收費系統、應急管理系統等。

6.2.5 電子商務物流新特點

電子商務時代的來臨，給全球物流帶來了新的發展，使物流具備了一系列新特點，主要有以下幾點：

（1）信息化。電子商務時代，物流信息化是電子商務的必然要求。物流信息化表現為物流信息的商品化、物流信息收集的數據庫化和代碼化、物流信息處理的電子化和計算機化、物流信息傳遞的標準化和即時化、物流信息存儲的數字化等。因此，條碼技術（BarCode）、數據庫技術（Database）、電子訂貨系統（Electronic Ordering System，EOS）、電子數據交換（Electronic Data Interchange，EDI）、快速反應（Quick Response，QR）及有效的客戶反應（Effective Customer Response，ECR）、企業資源計劃（Enterprise Resource Planning，ERP）等技術與觀念在中國的物流中將會得到普遍的應用。信息化是一切的基礎，沒有物流的信息化，任何先進的技術設備都不可能應用於物流領域，信息技術及計算機技術在物流中的應用將會徹底改變世界物流的面貌。

（2）自動化。自動化的基礎是信息化，自動化的核心是機電一體化，自動化可以擴大物流作業能力、提高勞動生產率、減少物流作業的差錯等。物流自動化的設施非常多，如條碼/語音/射頻自動識別系統、自動分揀系統、自動存取系統、自動導向車、貨物自動跟蹤系統等。這些設施在發達國家已普遍用於物流作業流程中，而在中國由於物流業起步晚，發展水平較低，自動化技術水平還有待提高。

（3）網路化。物流領域網路化的基礎也是信息化，是電子商務物流活動主要特徵之一。這裡的網路化有兩層含義：一是物流配送系統的計算機通信網路，包括物流配送中心與供應商或製造商的聯繫要通過計算機網路，另外與下游顧客之間的聯繫也要通過計算機網路通信；二是組織的網路化，即企業內聯網（Intranet）。當今世界 Internet 等全球網路資源的可用性及網路技術的普及為物流的網路化提供了良好的外部環境，物流網路化趨勢不可阻擋。

（4）智能化。這是物流自動化、信息化的一種高層次應用，物流作業過程大量的運籌和決策，如庫存水平的確定、運輸（搬運）路徑的選擇、自動導向車的運行軌跡和作業控制、自動分揀機的運行、物流配送中心經營管理的決策支持等問題都需要借

助於大量的知識才能解決。在物流自動化的進程中，物流智能化是不可迴避的技術難題。為了提高物流現代化的水平，物流的智能化已成為電子商務下物流發展的一個新趨勢。

另外，物流的柔性化、商品包裝的標準化，物流的社會化等都是電子商務下物流模式的新特點。

6.2.6　電子商務物流模式

6.2.6.1　典型模式

（1）自營物流。企業自身經營物流，稱為自營物流。在電子商務剛剛萌芽的時期，電子商務企業規模不大，從事電子商務的企業多選用自營物流的方式。企業自營物流模式意味著電子商務企業自行組建物流配送系統，經營管理企業的整個物流運作過程。在這種方式下，企業也會向倉儲企業購買倉儲服務，向運輸企業購買運輸服務，但是這些服務都只限於一次或一系列分散的物流功能，而且是臨時性的純市場交易的服務，物流服務與企業價值鏈有松散的聯繫。如果企業有很高的顧客服務需求標準，物流成本占總成本的比重較大，而企業自身的物流管理能力較強時，企業一般不應採用外購物流，而應採用自營方式。由於中國物流公司大多是由傳統的儲運公司轉變而來的，還不能滿足電子商務的物流需求，因此，很多企業借助於他們開展電子商務的經驗也開展物流業務，即電子商務企業自身經營物流。目前，在中國，採取自營模式的電子商務企業主要有兩類：一類是資金實力雄厚且業務規模較大電子商務公司；另一類是傳統的大型製造企業或批發企業經營的電子商務網站，由於其自身在長期的傳統商務中已經建立起初具規模的營銷網路和物流配送體系，在開展電子商務時只需將其加以改進、完善，可滿足電子商務條件下對物流配送的要求。

選用自營物流，可以使企業對物流環節有較強的控制能力，易於與其他環節密切配合，全力專門的服務於本企業的營運管理。此外，自營物流能夠保證供貨的準確和及時，保證顧客服務的質量，維護了企業和顧客間的長期關係。但自營物流所需的投入非常大，需要占用大量的流動資金，而且時間較長，建成後對規模的要求很高，此外，自營物流需要較強的物流管理能力，建成之後需要具有專業物流管理能力的工作人員。

（2）物流聯盟。它是製造業、銷售企業、物流企業基於正式的相互之間簽訂協議而建立的一種物流合作關係，合作企業在物流方面通過契約形成優勢互補、要素雙向或多向流動的中間組織。參加物流聯盟的合作企業在保持各自獨立性的前提下，通過匯集、交換或統一物流資源等方式獲取共同利益，達到比單獨從事物流活動取得更好的效果。物流聯盟在企業間形成了相互信任、共擔風險、共享收益的物流夥伴關係。這種聯盟是動態的，視合同簽訂的有效期而存在，當合同有效期結束，雙方又變成追

求自身利益最大化的單獨個體。

(3) 第三方物流 (Third-Party Logistics)。它是指由與貨物有關的發貨人和收貨人之外的專業企業來承擔企業物流活動的一種物流形態,即指獨立於買賣之外的專業化物流公司。它們長期以合同或契約的形式承接供應鏈上相鄰組織委託的部分或全部物流功能,因地制宜地為特定企業提供個性化的全方位物流解決方案,實現特定企業的產品或勞務向市場快捷移動,在信息共享的基礎上,實現優勢互補,從而降低物流成本,提高經濟效益。第三方物流公司不擁有商品,不參與商品買賣,而是為顧客提供以合同約束的、系列化、個性化、信息化的物流代理服務。服務內容包括設計物流系統、報表管理、貨物集運、選擇承運人、貨代人、海關代理、信息管理、倉儲、諮詢、運費支付和談判等。第三方物流是物流專業化的重要形式,一般是具有一定規模的物流設施設備(庫房、站臺、車輛等)及專業經驗、技能的批發、儲運或其他物流業務經營企業。第三方物流是一個新興的領域,其發展水平體現了一個國家物流產業發展的整體水平。

目前,第三方物流的發展十分迅速,發展潛力巨大,具有廣闊的發展前景。

(4) 第四方物流。它主要是指由諮詢公司提供的物流諮詢服務,但諮詢公司並不就等於第四方物流公司。第四方物流公司應物流公司的要求為其提供物流系統的分析和診斷,或提供物流系統優化和設計方案等。所以第四方物流公司以其知識、智力、信息和經驗為資本,為物流客戶提供一整套的物流系統諮詢服務。第三方物流的優勢在於運輸、儲存、包裝、裝卸、配送、流通加工等實際的物流業務操作能力,但在綜合技能、集成技術、戰略規劃、區域及全球拓展能力等方面存在明顯的局限性,特別是缺乏對整個供應鏈及物流系統進行整合規劃的能力,這也是第四方物流出現的原因。由於其從事物流諮詢服務,因此第四方物流必須具備良好的物流行業背景和相關經驗,但並不需要從事具體的物流活動,更不用建設物流基礎設施,只是對於整個供應鏈提供整合方案,關鍵在於為顧客提供最佳的增值服務,即迅速、高效、低成本和個性化服務等。

通過第四方物流,企業可以大大減少在物流設施(如倉庫、配送中心、車隊、物流服務網點等)方面的資本投入,降低資金佔用,提高資金週轉速度,減少投資風險,降低庫存管理及倉儲成本,大大提高了客戶企業的庫存管理水平,改善物流服務質量,提升企業形象。

(5) 物流一體化。它是指以物流系統為核心,由生產企業、物流企業、銷售企業,直至消費者的供應鏈整體化和系統化。它是在第三方物流的基礎上發展起來的新的物流模式。20世紀90年代,西方發達國家如美、法、德等國提出物流一體化現代理論,並應用和指導其物流發展,取得了明顯效果。在這種模式下物流企業通過與生產企業建立廣泛的代理或買斷關係,使產品在有效的供應鏈內迅速移動,使參與各方

的企業都能獲益，使整個社會獲得明顯的經濟效益。這種模式還表現為用戶之間的廣泛交流供應信息，從而起到調劑餘缺、合理利用、共享資源的作用。在電子商務時代，這是一種比較完整意義上的物流配送模式，它是物流業發展的高級和成熟的階段。物流一體化是物流產業化的發展趨勢，它必須以第三方物流充分發育和完善為基礎。物流一體化的實質是一個物流管理的問題，即專業化物流管理人員和技術人員，充分利用專業化物流設備與設施，發揮專業化物流運作的管理經驗，以求取得整體最佳的效果。同時，物流一體化的趨勢為第三方物流的發展提供了良好的發展環境和巨大的市場需求。

（6）綠色物流（Environmental logistics）。它是指在物流過程中抑制物流對環境造成危害的同時，實現對物流環境的淨化，使物流資源得到最充分利用。綠色物流包括物流作業環節和物流管理全過程的綠色化。從物流作業環節來看，包括綠色運輸、綠色包裝、綠色流通加工等。從物流管理過程來看，主要是從環境保護和節約資源的目標出發，改進物流體系，既要考慮正向物流環節的綠色化，又要考慮供應鏈上的逆向物流體系的綠色化。綠色物流的最終目標是可持續發展，即經濟利益、社會利益和環境利益的統一。

6.2.6.2 電子商務物流實例

（1）京東自營物流與第三方物流相結合。京東商城很早就開始物流自建工作，2007年7月，京東宣布建成北京、上海、廣州三大物流體系，總物流面積超過5萬平方米。2009年年初，京東商城斥資成立專門物流公司，陸續在天津、南京、蘇州、杭州等城市建立了城市配送站和倉儲中心，以此佈局全國物流體系。2010年1月，京東獲得老虎環球基金領投的1.5億美元融資后，其一半融資將用於物流系統，同年3月，京東宣布華北、華東、華南、西南四大物流中心建成。目前，京東商城分佈在華北、華東、華南、西南、華中的五大物流中心覆蓋了全國各大城市，並在瀋陽、西安、杭州等城市設立二級庫房，倉儲總面積達到50萬平方米。從2009年至今，京東商城陸續在天津、蘇州、杭州、南京、深圳、寧波、無錫、濟南、武漢、廈門等超過130座重點城市建立了城市配送站，為用戶提供物流配送、貨到付款、移動POS刷卡、上門取換件等服務。2010年，京東商城在北京等城市率先推出「211限時達」配送服務，在全國實現「售後100分」服務承諾，隨後又推出「全國上門取件」「先行賠付」、24小時客服電話等專業服務。2011年初，京東商城推出「GIS包裹即時跟蹤系統」；京東現在定下目標是2013年實現400億~500億元的銷售額，其中自主配送的比例提高到95%，日訂單交付能力達到300萬單。

此外，京東商城於2010年12月推出了第三方開放平臺，為入駐商家提供倉儲、配送、客服、售後、貨到付款、退換貨等服務，2011年8月，京東CEO劉強東在接受採訪時表示：「隨著對物流的投資，對物流的開放是必然的。明年1月份準備把物

流業務進行拆分，完全的獨立化運作，市場化運作，希望給更多的電子商務和傳統企業提供物流服務。」也就是說，京東未來可能的盈利模式將增加租賃物流服務這一嶄新模式。

由於京東商城要拓展二級與三級城市的業務，而這些城市的利潤不足以支持在當地建立和營運物流中心，因此，京東在這些城市的電子商務業務主要採用了與第三方物流合作的方式進行，即與當地的快遞公司合作，完成產品的配送，而當涉及大件商品時，京東則選擇與商品的廠商（比如海爾）合作，因為廠商一般在各個城市都建立有自己的售後服務網點與物流合作夥伴。與京東合作的第三方物流有宅急送、郵政快遞等。

除此之外，京東還有一種特殊類型的物流方式，即高校代理。高校代理的產生主要是因為高校學生是一個比較大的消費群體，但是其空閒時間不確定，且高校一般不允許快遞人員進入校園。這樣，高校代理就相當於快遞在學校周邊設的一個點，方便高校師生等取貨。

綜上，京東的物流主要是自營與第三方物流相結合，自建物流有一定的優勢，可以使企業掌握和控制物流，節省開支；而且由企業的內部員工來做物流，一方面企業更放心，另一方面消費者群體也覺得更專業和安全。但自營物流成本高、投入大，存儲貨物多會加重管理負擔，這是其顯著的劣勢。而結合二級與三級城市的第三方物流，京東可以有效地拓展二級與三級城市的市場。

（2）當當網與第三方物流的合作。當當網的商品分為兩類：一類是當當自營的商品，另一類是通過虛擬店鋪招商後其他商家售賣的商品。通過虛擬店鋪出租，當當網可以獲取租金（保證金＋月租費），且不必對商品的物流負責，但當當自營的商品則必須由當當網負責其物流配送。

當當網已經建立北京、上海、武漢、成都和廣州五大物流中心，而在配送方面，當當則選擇了與當地的第三方物流公司合作，並沒有建立自己的配送隊伍，大量的本地快遞公司可以為當地的客戶提供「送貨上門，當面收款」的服務。

6.3 中國電子商務物流現狀與對策

6.3.1 現狀

（1）目前中國物流企業設備陳舊，大部分物流企業仍然採用普通貨架、叉車式設備和人工分揀作業方式，一些先進的物流技術和設備未廣泛投入使用，如自動化立體倉庫、自動導引搬運車、巷道堆垛機、自動控制技術、自動分揀系統、計算機仿真系統、計算機監控系統等沒有廣泛運用於物流作業過程。

（2）物流管理技術手段落後，物流自動化和信息化程度低。物流企業的信息化程度比較低，大部分物流企業對物流信息管理的技術手段比較落後。少數物流企業可提

供報價系統，但沒有提供在途貨運查詢、運費支付等功能。一些如條碼技術、射頻技術、數據庫技術、電子數據交換技術、地理信息系統、全球定位系統等現代化的物流信息控制技術並未得到廣泛應用。中國大多數物流企業還沒有建立企業信息系統和企業內部網，無法對企業內部大量的物流信息進行即時處理。同時，由於信息化程度較低，物流企業也不能利用企業外部網實現企業與上游物流供應商之間的信息即時交流。物流企業的設備陳舊和技術手段落後，必然導致物流配送成本高、配送時間長、配送效率低下，從而無法滿足電子商務配送的要求。

6.3.2 對策

中國應該加強政府對物流發展的統一規劃和統一管理，避免重複建設和浪費現象，使中國物流得到健康、快速的發展。目前中國多元化的物流管理體制極不利於中國物流的發展，不僅造成中國物流行業的條塊分割、各自為政，而且重複建設和浪費現象嚴重。因此，為了改變這種狀況，加快中國物流的發展，實現以市場為導向、滿足顧客需要、最大限度地降低物流成本、提高物流效率的發展目標，國家有關部門有必要對中國物流發展進行統一規劃、統一管理，並引導其健康發展。

(1) 對中國物流發展進行統籌規劃和宏觀指導，制定中國物流發展的戰略目標、總體規劃和基本方針政策，並負責協調各部門、各地區的物流發展實施計劃，使中國物流發展做到科學規劃、合理佈局。

(2) 研究和制定中國物流管理條例和辦法，包括物流市場准入條件與從業資格、重要物流建設項目的審批制度等，對中國物流行業進行統一管理，打破中國物流管理中的各自為政、行業壟斷和地方保護主義。

(3) 制定和協調中國的物流標準。中國已頒布了「物流術語」國家標準，今後還應制定物流技術標準和物流服務規範標準，如計量標準、包裝標準、裝卸標準、信息傳遞標準等，以利於中國物流的標準化建設。

(4) 大力發展第三方物流，加快培育一批大型社會化綜合物流中心，並以此為依託，構建中國現代物流配送體系。在中國目前條件下，電子商務企業不宜普遍採用京東商城採用的自建物流配送中心的物流模式。因為自建物流中心所需投資大、成本高，而很多電子商務企業不具有這樣的條件，因此應採取與第三方物流合作的模式。中國要大力發展第三方物流，加快建設一批大型的社會化綜合物流中心。可以在交通和信息較發達的中心城市，選擇基礎條件較好的物流企業，加以扶植和培育，採取兼併、重組、聯合等方式，加快物流企業集團化、規模化進程，使之成為符合現代商品配送要求、具有全國性經營網路的專業化骨幹物流配送企業，並以它們為依託向周邊輻射，建立若干貫通全國的物流配送聯運幹線，盡快構建全國性的商品物流配送網路體系。

（5）大力加強物流專門人才的培養。通過在高校開設物流專業、確立電子商務物流研究方向和留學制度的方式來培養現代物流專門人才，可通過物流行業協會來開展物流職業教育和傳播物流知識，還可通過從業資格認證的方式來激勵人們投身於物流行業，提高物流從業人員的整體素質。

（6）加快物流技術現代化，廣泛採用現代物流技術和設備，大大提高物流作業能力和物流水平，提高物流效率、降低物流成本。要加快中國物流技術現代化步伐，促進物流企業廣泛採用先進的物流技術和設備。一方面，加快物流企業機械化和自動化進程，實現物流操作的無人化、省力化和高效化。如採用自動導引行車、搬運機器人、自動化高層立體倉庫、自動分揀系統、自動存取系統、自動識別系統、貨物自動跟蹤系統等先進的物流技術和設備，實現貨物包裝、分揀、裝卸、存儲、搬運的機械化和自動化，以減少物流作業的差錯，擴大物流作業能力，提高物流生產效率。另一方面，實現物流信息化和網路化。物流信息化主要是指實現物流信息收集的代碼化和數據庫化、物流信息處理的計算機化、物流信息存儲的數字化和物流信息傳遞的即時化。物流網路化是指物流企業通過計算機通信網路，實現物流企業內部信息交流的電子化以及與上游產品供應商之間和下游顧客之間信息交流的電子化。為此，物流企業應廣泛運用數據庫技術、電子數據交換技術、衛星定位技術、無線互聯技術、電子交貨系統、物流信息系統、地理信息系統、快速反應系統等，以提高配送的反應速度、縮短配送時間、提高配送效率，滿足電子商務配送的要求。

本章小結

1. 電子商務中的任何一筆交易都會涉及四方面：商品所有權的轉移、貨幣的支付、有關信息的獲取與應用和商品本身的轉交。即幾種基本的「流」：商流、資金流、信息流、物流。其中，物流是最為特殊的一種，它是指物質實體（商品或服務）的流動過程，具體包括運輸、儲存、配送、裝卸、保管、物流信息管理等各種活動。

2. 現代物流與傳統物流在物流功能、運作理念、價值實現和管理模式等方面都存在差異。電子商務給全球物流帶來了新的發展，使物流具備了一系列新特點，主要包括信息化、自動化、網路化和智能化等。

3. 第三方物流是指獨立於買賣之外的專業化物流公司，長期以合同或契約的形式承接供應鏈上相鄰組織委託的部分或全部物流功能，因地制宜地為特定企業提供個性化的全方位物流解決方案，實現特定企業的產品或勞務快捷地向市場移動，在信息共享的基礎上，實現優勢互補，從而降低物流成本，提高經濟效益。

4. 電子商務物流的典型模式包括自營物流、物流聯盟、第三方物流、第四方物

流、物流一體化以及綠色物流等。

5. 京東商城是自營物流與第三方物流相結合，而當當網在配送方面則選擇了與當地的第三方物流公司合作，並沒有建立自己的配送隊伍，大量的本地快遞公司可以為當當網的客戶提供「送貨上門，當面收款」的服務。

6. 目前，中國物流企業設備陳舊、物流管理技術手段落後、物流自動化和信息化程度低、物流企業的信息化程度比較低，大部分物流企業對物流信息管理的技術手段還比較落後。中國應該加強政府對物流發展的統一規劃和統一管理，避免重複建設和浪費現象，使中國物流得到健康、快速的發展。

本章习题

單項選擇題

1. 按照物流的作用分類可將物流分為（　　）。
    A. 供應物流、地區物流、行業物流、企業物流
    B. 供應物流、生產物流、銷售物流、企業物流
    C. 供應物流、生產物流、銷售物流、回收物流、廢棄物流
    D. 地區物流、國內物流、國際物流、社會物流、行業物流
2. 電子商務的物流外包是指（　　）。
    A. 委託專業物流企業提供物流服務
    B. 與普通商務共用物流系統
    C. 第三方物流企業開展電子商務
    D. 電子商務企業經營物流業務
3. 配送中心的主要作用是（　　）。
    A. 減少流通環節　　　　　　　B. 增加庫存數量
    C. 改善運輸條件　　　　　　　D. 提高服務水平
4. 物流管理的目標是（　　）。
    A. 提供最高水平的服務
    B. 追求最低的物流成本
    C. 以最低的成本實現最高水平的服務
    D. 以盡可能低的成本達到既定的服務水平
5. 中國的電子商務物流體系的組建模式一般不包括（　　）。
    A. 借用其他電子商務企業的物流系統
    B. 電子商務與普通商務活動共用一套物流系統

C. 自己組建物流公司
D. 外包給專業物流公司

判斷題

1. 供應鏈中物流的方向是自客戶至零售商至供應商。
2. 供應鏈中需求信息的方向是自客戶到供應商。

簡答題

1. 什麼是物流？怎樣理解電子商務和物流的關係？
2. 簡述配送的概念與意義。
3. 降低配送成本的途徑有哪些？
4. 簡述現代物流中用到的先進技術有哪些？
5. 什麼是第三方物流？有什麼功能和特點？

7 電子政務

7.1 電子政務概念

隨著全球數字化和中國政府機構改革發展的需要，電子政務已成為各級政府機關提高工作效率、促進政務公開、重組行政程序的重要手段和基礎。電子政務可以看做是和政府相關的電子商務，是一種非盈利為目的的電子商務，因此，有的教材沒有將電子政務包含進電子商務。本書將電子政務作為一種特殊的電子商務進行闡述。

7.1.1 電子政務的定義

對電子政務，沒有一個統一的定義，不同的政府和組織對電子政務的定義都不一樣。一般來說，電子政務可以理解為政府機構在其管理和服務職能中應用現代信息和通信技術，把管理和服務通過網路技術進行集成，借助互聯網實現政府組織結構和工作流程的優化和重組，超越時間、空間和部門分離的限制，建成一個精簡、高效、廉潔、公平的政府運作模式。

聯合國經濟社會理事會將電子政務定義為：政府通過信息通信技術手段的密集性和戰略性應用組織公共管理的方式，旨在提高效率、增強政府的透明度、改善財政約束、改進公共政策的質量和決策的科學性，建立良好的政府之間、政府與社會之間、社區以及政府與公民之間的關係，提高公共服務的質量，贏得廣泛的社會參與度。

世界銀行則認為電子政府主要關注的是政府機構使用信息技術（比如萬維網、互聯網和移動計算），賦予政府部門以獨特的能力，轉變其與公民、企業、政府部門之間的關係。這些技術可以服務於不同的目的：向公民提供更加有效的政府服務、改進政府與企業和產業界的關係、通過利用信息更好地履行公民權，以及增加政府管理效能。電子政府可以減少腐敗、提高透明度、促進政府服務更加便利、增加政府收益和減少政府運行成本。

從以上關於電子政務的定義可以看出，不管對「電子政務」如何定義，其核心包括兩層含義，即「電子化」是手段，「政務」是目的。

7.1.2 電子政務的特點

電子政務使用數字化、網路化的技術集成平臺，實現政府資源整合、企業資源整合、社會資源整合、社會服務整合，使政務工作更有效、更精簡，使政府工作更公開、更透明，為企業和居民提供更好的服務，重新構造政府、企業、居民之間的關係，使之更加協調。可見，相對於傳統行政方式，電子政務的最大特點就在於其行政方式的電子化，即行政方式的無紙化、信息傳遞的網路化、行政法律關係的虛擬化等。

7.1.3 電子政務的目的和實質

實施電子政務的目的在於：①轉變政府職能，使政府職能從「管理主導型」向「服務主導型」轉變；②實施辦公信息化提高效率，精簡機構；③提高政府透明度及政務公開，加強廉政建設；④科學決策，提高執政水平；⑤加強政策宣傳和民眾教育。

電子政務的實質是以信息技術為工具，以政務數據為中心，以業務應用為動力，以便民服務為目的，實現政務公開化、決策科學化、與民眾關係協調化。

7.1.4 電子政務案例與網站

（1）中國電子政務網（如圖7.1所示）是在信息產業部電子科學技術委員會及信息產業部基礎產品發展研究中心指導下建立的，全國最早的、系統全面地介紹電子政務建設、信息化建設的專業網站。中國電子政務網自開通以來，在信息產業部及有關司、局的關懷下，在各地政府及廣大企業的支持下，為中國電子政務的發展做了大量的工作。在普及電子政務知識、促進政府上網工程、組織專家論證電子政務方案、介紹優秀電子政務企業等方面，開展了卓有成效的工作，有力地推進了中國電子政務的發展，得到了有關部委及專家的認可。

圖7.1 中國電子政務網網站

（2）「深圳之窗」是中國電信於1995年8月上線的深圳第一生活資訊門戶網，網站以提供深圳本地新聞資訊和生活便民信息為主，涵蓋了餐飲美食、娛樂休閒、優惠打折、演出展會、精彩活動等深受深圳消費者關注的信息。「深圳之窗」覆蓋深圳、香港及珠海三角區共3,000萬人口，輻射東南沿海周邊1億人群，是目前國內最優秀的互聯網信息傳播服務商之一。

(3)「首都之窗」是北京市國家機關在互聯網上統一建立的網站群,包括北京市政務門戶網站(即首都之窗門戶網站)和各分站,於 1998 年 7 月 1 日正式開通。「首都之窗」是為了統一、規範地宣傳首都形象,落實「政務公開,加強行政監督」的原則,建立網路信訪機制,向市民提供公益性服務信息,促進首都信息化,推動北京市電子政務工程的開展而建立的。其宗旨是「宣傳首都,構架橋樑;信息服務,資源共享;輔助管理,支持決策」。「首都之窗」由北京市信息化工作領導小組統一領導,北京市經濟和信息化委員會負責組織實施,並設首都之窗運行管理中心負責日常工作。「首都之窗」設有市國家機關各委、辦、局和各區縣政府分站點。分站點由市政府統一組織建設,各單位自主管理,目前正在不斷豐富和完善。通過這些分站點,可以進一步瞭解市國家機關各職能部門提供的特色信息和專門服務。

(4)「中國・成都」(成都公眾信息網)是成都市政府門戶網站,市級各部門網站、各區(市)縣網站是「中國・成都」的子網站。「中國・成都」由成都市人民政府主辦,成都市經濟和信息化委員會承辦,成都市經濟信息中心負責建設、管理、維護、運行工作,於 2002 年 1 月 28 日正式開通,是成都市政府在互聯網上發布各類信息、宣傳全域成都的重要媒介;是成都市政府推行政務公開、提供在線服務的綜合平臺;是社會各界瞭解政府政務、建言獻策、諮詢投訴、監督評議政府的網上綠色通道;是政府瞭解民情、疏通民意、闡釋政策、接受監督的有效渠道。

7.2 電子政務的發展歷程

7.2.1 電子政務的起源及美國電子政務概況

電子政務這個概念最早是由美國前總統克林頓提出,20 世紀 90 年代興起,然後從發達國家散播開來。

(1)電子政務的起源與美國的電子政務概況。美國的電子政務起源於 20 世紀 90 年代初。1993 年,克林頓政府成立了國家績效評估委員會(National Performance Review Committee,NPR),NPR 通過大量的調查研究後,遞交了《創建經濟高效的政府》和《運用信息技術改造政府》兩份報告,提出應當用先進的信息網路技術克服美國政府在管理和提供服務方面存在的弊端,這使得構建「電子政府」成為美國政府改革的一個重要方向,也揭開了美國電子政務建設的序幕。

1994 年 12 月,美國政府信息技術服務小組(Government Information Technology Services)提出了《政府信息技術服務的前景》報告,要求建立以顧客為導向的電子政府,為民眾提供更多獲得政府服務的機會與途徑。1996 年,美國政府發動「重塑政府計劃」,提出要讓聯邦機構最遲在 2003 年全部實現上網,使美國民眾能夠充分獲得聯邦政府掌握的各種信息。

1998 年，美國通過《文書工作縮減法》，要求各部門呈交的表格必須使用電子方式，並規定到 2003 年 10 月全部使用電子文件，同時考慮風險、成本與收益，酌情使用電子簽名，讓公民與政府的互動關係電子化。

2000 年 9 月，美國政府開通「第一政府」網站（www.firstgov.gov），這個超大型電子網站，旨在加速政府對公民需要的反饋，減少中間工作環節，讓美國公眾能更快捷、更方便地瞭解政府，並能在同一個政府網站站點內完成競標合同和向政府申請貸款的業務。從內容分類來看，該網站一方面按地區劃分，囊括了全美 50 個州以及地方縣、市的有關材料及網站連結；另一方面又按農業與食品、文化與藝術、經濟與商業等行業來劃分，涵蓋了各行各業的有關介紹及網站。此時，美國政府的網上交易也已經展開，在全國範圍內實現了網上購買政府債券、網上繳納稅款以及郵票、硬幣買賣等。

為保障政府信息化發展，美國還制定了《政府信息公開法》《個人隱私權保護法》《美國聯邦信息資源管理法》等一系列法律法規，對政府信息化發展起著重要的保障和規範的作用。

龐大的上網人群和良好的上網設施，為美國建立「電子政府」奠定了堅實的基礎。目前，美國聯邦政府一級機構和州一級的政府全部上網，幾乎所有縣市都建立了自己的站點。美國政府正在將一個個獨立的網連接起來，做到網網相連。

由於努力推行電子政務，僅從 1992 年到 1996 年，美國政府員工就減少了 24 萬人，關閉了近 2,000 個辦公室，減少開支 1,180 億美元。在對居民和企業的服務方面，政府的 200 個局確立了 3,000 條服務標準，廢除了 1.6 萬多頁過時的行政法規，簡化了 3.1 萬多頁規定。全國雇主稅務管理系統、聯邦政府全國採購系統和轉帳系統等網路的建立，不僅節省了大量的人財物，而且提高了政務透明度，堵住了徇私舞弊的渠道。

（2）美國電子政務的特點。美國電子政務的發展形成了如下幾個特點：

一是網站多。美國聯邦級的行政、立法、司法部門都擁有獨立網站，州及地方政府也擁有規模不小的網站，就連地處偏遠地帶的一些不起眼的小地方也建立了網站。

二是分類細。美國電子政務網中既有政治、經濟、軍事方面的網站，也有公民求職、貸款、消費等方面的網站。日常生活中凡是與政府有關的事情，總有相關網站提供信息或服務。

三是網網相連。美國聯邦一級的部門已經實現網網相連。聯邦部門的網站不只介紹本部門的情況，提供相關服務，而且將下屬機構的網站連起來。各州的網站既有全州的內容，也有州內各縣、市網路的連結。

7.2.2　電子政務的發展階段

國外電子政務的發展大致經歷了以下四個階段：

（1）起步階段。此階段的特點是僅有政府網站的亮相。政府信息網上發布是電子政務發展起步階段較為普遍的一種形式。以美國為例，聯邦和地方各級政府在電子政務方面的項目大約仍有很大一部分屬於這一類，大體上是通過網站發布與政府有關的各種靜態信息，如法規、指南、手冊、政府機構、組織、官員、通信聯絡等。中國也有很多政府網站處於這個階段，尤其是一些中小城市的政府網站，其中有一些此階段的政府網站是空網站（即網站框架搭好，但部分內容為空）和死網站（即網站框架完善、內容完整，但沒有更新）。

（2）政府與用戶單向互動。在這個階段，政府除了在網上發布與政府服務項目有關的動態信息之外，還向用戶提供某種形式的服務。比如，在這個階段，用戶可以從網站上下載政府的表格（如報稅表）。美國政府曾經規定，在2000年12月之前，聯邦政府的最重要的500種表格必須做到完全可以從網上下載。這一階段也稱為提高階段，目前處於這個階段的全球政府網站是最多的，該階段電子政務網站的特點是定期更新、內容豐富、與用戶有簡單互動。

（3）政府與用戶雙向互動。在這個發展階段，政府與用戶可以在網上完成雙向的互動。一個典型的例子是用戶可以在網上取得報稅表，填完報稅表後，從網上將報稅表發送至國稅局。在這個階段，政府可以根據需要，隨時就某件事情、某個合法議題，如公共工程項目，或某個重要活動的安排在網上徵求居民的意見，讓居民參與政府的公共管理和決策。企業和居民也可以就自己關心的問題向政府詢問或建議，並與政府進行討論和溝通。中國的電子政務發展正處於這一階段，體現此階段的電子政務網站功能的最典型例子就是民眾網上信息諮詢，政府工作人員網上答覆。

（4）網上事務處理。如國稅局在網上收到企業或居民的報稅表並審閱後，向報稅人寄回退稅支票；或者在網上完成轉帳，將企業或居民的退稅所得直接匯入企業或居民的帳戶。這樣，居民或企業在網上就完成了整個報稅過程的事務處理。到了這一步，可以說，電子政務在居民報稅方面是趨於成熟了。因為，它是以電子的方式實實在在地完成了一項政府業務的處理。

除了報稅外，民眾可以在此階段的電子政務網上對自己的信用狀況進行在線查詢和諮詢、網上交費、申請護照、辦理入伍手續等。美國的電子政務就處於這一階段。顯然，這個階段的實現必然導致政府機構的結構性調整，也必然導致政府運行方式的改變。因為，原來政府的許多作業是以紙張為基礎的，現在則變成了電子化的文件；原來政府與居民的接觸是在辦公室，或者在櫃臺、窗口，現在則移到了計算機屏幕上。因此，需要調整原有的某些政府部門及某些人員，或者設立一些新的部門及新的崗位，重組政府的業務流程。從這裡就可以看出，電子政務不僅是將現有的政府業務電子化，更重要的是對現有的政府進行信息化的改造。只有這種改造實現了，電子政務才是真正地趨於成熟了。如果說一個部門已經實現了電子政務，而機構和運行方式

却原封不動，那麼，這個部門的信息化肯定是不成功的。

上面所舉的居民報稅的例子，只是政府數百個業務中的一個。在電子政務的發展中，這數百個業務流的信息化不可能同時進行，更不可能同時趨於成熟；相反地，只能按照輕重緩急，根據需要和可能，一批一批地開發。因此，建設一個成熟的電子政務可能需要十數年甚至數十年的時間，是一個持續的發展過程。

7.3 電子政務的應用

電子政務的應用包含多方面的內容，如政府辦公自動化、政府部門間的信息共建共享、政府即時信息發布、各級政府間的遠程視頻會議、公民網上查詢政府信息、電子化民意調查和社會經濟統計等。

在政府內部，各級領導可以在網上及時瞭解、指導和監督各部門的工作，並向各部門做出各項指示。這將帶來辦公模式與行政觀念上的一次革命。在政府內部，各部門之間可以通過網路實現信息資源的共建共享聯繫，既能提高辦事效率、質量和標準，又能節省政府開支，起到反腐倡廉的作用。

政府作為國家管理部門，開展電子政務有助於政府管理的現代化，有助於實現政府辦公電子化、自動化、網路化。通過互聯網這種快捷、廉價的通信手段，政府可以讓公眾迅速瞭解政府機構的組成、職能和辦事章程，以及各項政策法規，增加辦事執法的透明度，並自覺接受公眾的監督。

在電子政務中，政府機關的各種數據、文件、檔案、社會經濟數據都以數字形式存貯於網路服務器中，可通過計算機檢索機制快速查詢、即用即調。

總的來說，電子政務主要包括三個應用領域。

（1）政務信息查詢：面向社會公眾和企業組織，為其提供政策、法規、條例和流程的查詢服務。

（2）公共政務辦公：借助互聯網實現政府機構的對外辦公，如申請、申報等，提高政府的運作效率，增加透明度。

（3）政府辦公自動化：以信息化手段提高政府機構內部辦公的效率，如公文報送、信息通知和信息查詢等。

7.4 中國電子政務的現狀

電子政務主要包括三個組成部分：一是政府部門內部的電子化和網路化辦公；二是政府部門之間通過計算機網路而進行的信息共享和即時通信；三是政府部門通過網路與民眾之間進行的雙向信息交流。

7.4.1 電子政務的主要模式

電子政務的內容非常廣泛。從服務對象來看，電子政務主要包括四大類型：政府機構之間的電子政務（G2G）、政府與企業間的電子政務（G2B）、政府與公眾間的電子政務（G2C）、政府部門內部的電子政務（E2E）。其中，G 是指政府（government），C 是指公眾（customer/citizen），B 是指企業（business），E 是指雇員（employee）。

（1）政府與公眾間的電子政務，簡稱 G2C。其主要目的是建成一站式在線服務，並引入現代管理工具，以改善服務質量和效率，使公民能得到高質量的政府服務。G2C 主要包括教育培訓服務、電子就業服務、電子醫療服務、社會保險網路服務、公民信息服務、交通管理服務、公民電子稅務、電子證件服務等。

①教育培訓服務。它包括建立全國性的教育平臺，並資助所有的學校和圖書館接入互聯網和政府教育平臺；政府出資購買教育資源，然後對學校和學生提供；重點加強對信息技術能力的教育和培訓，以適應信息時代的挑戰。

②電子就業服務。它包括通過電話、互聯網或其他媒體向公民提供工作機會和就業培訓，促進就業。如開設網上人才市場或勞動市場，提供與就業有關的工作職位缺口數據庫和求職數據庫信息；在就業管理勞動部門所在地或其他公共場所建立網站入口，為沒有計算機的公民提供接入互聯網尋找工作職位的機會；為求職者提供網上就業培訓，就業形勢分析，指導就業方向。

③電子醫療服務。它包括通過政府網站提供醫療保險政策信息、醫藥信息、執業醫生信息，為公民提供全面的醫療服務，公民可通過網路查詢自己的醫療保險個人帳戶餘額和當地公共醫療帳戶的情況；查詢國家新審批的藥品的成分、功效、試驗數據、使用方法及其他詳細數據，提高自我保健的能力；查詢當地醫院的級別和執業醫生的資格情況，選擇合適的醫生和醫院。

④社會保險網路服務。它包括通過電子網路建立覆蓋地區甚至國家的社會保險網路，使公民通過網路及時全面地瞭解自己的養老、失業、工傷、醫療等社會保險帳戶的明細情況，有利於加深社會保障體系的建立和普及；通過網路公布最低收入家庭補助，增加透明度；通過網路直接辦理有關的社會保險理賠手續。

⑤公民信息服務。它包括使公民得以方便、容易、費用低廉地接入政府法律法規規章數據庫；通過網路提供被選舉人的背景資料，促進公民對被選舉人的瞭解；通過在線評論和意見反饋瞭解公民對政府工作的意見，改進政府工作。

⑥交通管理服務，包括通過建立電子交通網站提供對交通工具和司機的管理與服務。

⑦公民電子稅務，包括允許公民個人通過電子報稅系統申報個人所得稅、財產稅

等個人稅務。

⑧電子證件服務，包括允許居民通過網路辦理結婚證、離婚證、出生證、死亡證明等有關證書。

（2）政府與企業間的電子政務，簡稱 G2B。G2B 是指政府通過電子網路系統進行電子採購與招標，精簡管理業務流程，快捷迅速地為企業提供各種信息服務。其主要目的是通過大量削減數據收集的冗余度，減輕企業的負擔，對企業提供順暢的一站式支持服務，使用 XML（電子商務語言）與企業建立數字化通信系統。G2B 主要包括政府電子化採購與招標、電子稅務系統、電子證照辦理信息諮詢服務、中小型企業電子服務、電子外貿管理、電子工商行政管理系統等。

①政府電子化採購與招標。通過網路公布政府採購與招標信息，為企業特別是中小型企業參與政府採購提供必要的幫助，向它們提供政府採購的有關政策和程序，使政府採購成為陽光作業，減少徇私舞弊和暗箱操作，降低企業的交易成本，節約政府採購支出。

②電子稅務系統。使企業通過政府稅務網路系統，在家裡或企業辦公室就能完成稅務登記、稅務申報、稅款劃撥、查詢稅收公報、瞭解稅收政策等業務，既方便了企業，又減少了政府的開支。

③電子證照辦理。讓企業通過因特網申請辦理各種證件和執照，縮短辦證週期，減輕企業負擔，如企業營業執照的申請、受理、審核、發放、年檢、登記項目變更、核銷，土地和房產證、建築許可證、環境評估報告等證件、執照和審批事項的辦理。

④信息諮詢服務。政府將擁有的各種數據庫信息對企業開放，方便企業利用。如法律法規、規章、政策、政府經濟白皮書、國際貿易統計資料等信息。

⑤中小型企業電子服務。政府利用宏觀管理優勢和集合優勢，為提高中小型企業國際競爭力和知名度提供各種幫助，包括為中小型企業提供統一政府網站入口，幫助中小型企業同電子商務供應商爭取有利的能夠負擔的電子商務應用解決方案等。

（3）政府機構之間的電子政務，簡稱 G2G。G2G 是上下級政府、不同地方政府、不同政府部門之間的電子政務。其主要目的是整合和共享聯邦、州和地方三級政府的數據，以改善對信息系統的應用，為關鍵的政府行為（如救災行動等）提供更好的綜合服務。G2G 主要包括電子法規政策系統、電子公文系統、電子司法檔案系統、電子財政管理系統、電子辦公系統、電子培訓系統、垂直網路化管理系統、橫向網路化協調管理系統、業績評價系統、城市網路化管理系統、電子統計等。

①電子法規政策系統。對所有政府部門和工作人員提供相關的現行有效的各項法律法規、規章、行政命令和政策規範，使所有政府機關和工作人員真正做到有法可依，有法必依。

②電子公文系統。在保證信息安全的前提下在政府上下級、部門之間傳送有關的

政府公文，如報告、請示、批覆、公告、通知、通報等，使政務信息快捷地在政府間和政府內流轉，提高政府公文處理速度。

③電子司法檔案系統。在政府司法機關之間共享司法信息，如公安機關的刑事犯罪記錄、審判機關的審判案例、檢察機關檢察案例等，通過共享信息改善司法工作效率和提高司法人員綜合能力。

④電子財政管理系統。向各級國家權力機關、審計部門和相關機構提供分級、分部門歷年的政府財政預算及其執行情況，包括從明細到匯總的財政收入、開支、撥付款數據以及相關的文字說明和圖表，便於有關領導和部門及時掌握和監控財政狀況。

⑤電子辦公系統。通過電子網路完成機關工作人員的許多事物性的工作，節約時間和費用，提高工作效率，如工作人員通過網路申請出差、請假、文件複製、使用辦公設施和設備、下載政府機關經常使用的各種表格、報銷出差費用等。

⑥電子培訓系統。對政府工作人員提供各種綜合性和專業性的網路教育課程，特別是適應信息時代對政府的要求，加強對員工與信息技術有關的專業培訓，員工可以通過網路隨時隨地註冊參加培訓課程、接受培訓、參加考試等。

⑦業績評價系統。按照設定的任務目標、工作標準和完成情況對政府各部門業績進行科學的測量和評估等。

（4）政府部門內部的電子政務，簡稱 E2E。其主要目的是借鑑產業界的先進經驗（如供應鏈管理、財務管理和知識管理），更好地利用現代化技術減少政府支出，改善聯邦政府機構的行政管理，使各機構能提高工作效率和改進績效，消除工作拖沓現象，改善雇員的滿意度和忠誠度。E2E主要包括電子政策法規、電子公文流轉、電子財務管理、電子辦公、電子培訓、公務員業績評估等。

7.4.2 電子政務解決方案的體系架構

電子政務系統主要包括三個應用解決方案和一個平臺。

（1）政府信息門戶解決方案。這一方案的實施將構建政府公共服務網（即政府外網），社會公眾和企業可以通過政府公共服務網查詢公共政務信息，並提交相關事務申請，政府公共服務網通過信息安全交換系統，與政府內部辦公網實現信息的交換。

（2）政府網上辦公解決方案。這一方案的實施將構建政府內部辦公網，滿足政府機構日常辦公的需要，並通過信息安全交換系統，與政府外網進行信息交換，實現對政府外網的維護及處理政府外網傳遞的公共事務。

（3）信息安全交換解決方案。這一方案的實施將構建信息安全交換系統，為確保政府內網的安全性，政府內網與政府外網必須實現物理隔離，並在此前提下實現必要的信息交換，信息安全交換系統將確保政府內網和政府外網在安全的前提下實現信息

交換。

（4）基礎網路平臺。基礎網路平臺是能夠滿足以上應用需求的軟硬件及網路基礎系統。一個成熟的電子政務平臺，除了能夠借助信息技術實現信息流的高效率運轉，還應具備如下特點：

①安全性。政府機構的信息安全是電子政務實施的第一要素。電子政務系統不但能夠實現內外網的物理隔離，有效防止洩密，同時也應確保內外網具有強大的抵禦攻擊能力，防止非法侵入帶來的損失。

②整合性。電子政務系統應能實現政府內部辦公和外部事務處理的整合，通過建立政務辦公信息流和事務信息流的平滑對接，提高信息流的效率。同時，能夠實現多種溝通模式的整合，通過通信平臺的多樣化優勢，提高電子政務系統的覆蓋能力。

③可擴展性。電子政務系統的實施是一個分階段的長期過程，電子政務系統的構造應具有高度的擴展性，以降低系統擴充的成本，並滿足信息技術高速發展的需要。

④示範性。電子政務系統採用的技術和產品應對社會具有廣泛的示範性和引導性，電子政務平臺的總體結構應依據國家電子政務安全規範和國家電子政務標準技術參考模型設計。

7.4.3 中國電子政務發展狀況

7.4.3.1 發展歷程

（1）初始階段。中國的電子政務起步於20世紀80年代末，各級政府機關開展了辦公自動化工程，建立了各種縱向及橫向地內部信息辦公網路。1993年起，國務院成立了國家信息化聯席會議並實施金橋、金關、金卡和金稅等信息化重大工程。20世紀90年代開始，通過重點建設金稅、金關、金卡等重點信息系統，中國電子政務發展取得了長足的進步。

（2）系統發展階段。1999年1月22日，由中國電信和國家經貿委經濟信息中心舉辦的「政府上網工程啟動大會」在北京舉行，會議通過了由48個國家部委的信息主管部門共同發起的中國政府上網工程倡議書，確定1999年為中國政府上網年，中國政府上網工程的主站點http://www.gov.cninfo.net和http://www.gov.cn正式啟播。由此開始系統推進電子政務的發展。2000年，國家電子政務蓬勃發展和興起。

（3）全面規劃整體發展階段。2001年，中國提出電子政務的建設。2002年7月3日，國家信息化領導小組審議通過《中國電子政務建設指導意見》，提出了「十五」期間中國電子政務建設的目標：初步建成標準統一、功能完善、安全可靠的政務信息網路平臺；重點業務系統建設，基礎性、戰略性政務信息庫建設取得實質性成效，信息資源共享程度有較大提高；初步形成電子政務安全保障體系，人員培訓工作得到加強，與電子政務相關法規和標準的制定取得重要進展。這標誌著中國電子政務建設進

入了一個全面規劃、整體發展的新階段。

7.4.3.2 中國政府上網的主要內容

中國政府上網要充分體現政府公共服務職能，由管理政府向服務政府的轉變，中國政府上網的主要內容包括：政府職能上網、信息上網、日常活動上網、網上辦公、網上專業市場交易等。

(1) 政府職能上網，就是將政府本身和政府各部門的職能、職責、組織機構、辦事程序、規章制度等在網上發布。

(2) 信息上網，包括政府部門的資料、檔案、數據庫上網。

(3) 日常活動上網，就是在網上公開政府部門的各項活動，把網路作為政務公開的一個渠道。

(4) 網上辦公。以往人們到政府部門辦事，往往要跑到各部門的所在地去，如果涉及各個不同部門，要蓋不同的章。雖然有些手續必須有實物證明才行，但可以建立一個文件資料電子化中心，把各種證明或文件電子化。如果是一個涉及不同部門的文件，可以在此中心備案後，其他各部門都可以此為參照傳送辦理，這樣可以節省大量的時間和精力，提高辦事效率。

(5) 網上專業市場交易。目前許多政府網站，除了其相關職能和內容上網外，還建立起各個部門相應的專業交易市場，以推動經濟的發展。如國家經貿部建立了一個被稱為「永不落幕的交易會」的網上交易會場，這個站點裡面有上百萬家廠商和產品供用戶查詢與交易。

7.4.3.3 中國政務公開和電子政務主要文件

(1) 黨中央印發《建立健全教育、制度、監督並重的懲治和預防腐敗體系實施綱要》(中發〔2005〕3號)——健全政務公開、廠務公開、村務公開制度。

(2) 國務院印發《全面推進依法行政實施綱要》(國發〔2004〕10號)——把行政決策、行政管理和政府信息的公開作為推進依法行政的重要內容。

(3) 中辦印發《關於進一步推行政務公開的意見》 (中辦發〔2005〕12號)——政務公開成為一項基本制度。對各類行政管理和公共服務事項，除涉及國家秘密和依法受到保護的商業秘密、個人隱私之外，都要如實公開。

(4) 中辦印發《關於加強信息資源開發利用工作的若干意見》(中辦發〔2004〕34號)——推進政府信息公開和政務信息共享，增強公益信息服務能力。

(5) 中辦印發《關於轉發〈國家信息化領導小組關於中國電子政務建設指導意見〉的通知》(中辦發〔2002〕17號)———電子政務建設作為今後一個時期中國信息化工作的重點，政府先行，帶動國民經濟和社會發展信息化。加快政府職能轉變，提高行政質量和效率，增強政府監管和服務能力，促進社會監督。以需求為導向，以應用促發展。

7.4.3.4 電子政務的發展方向及規劃

電子政務作為深化行政管理體制改革的重要措施，近些年來在硬件基礎設施建設、重點業務系統應用、重要政務信息資源開發利用和信息安全保障能力等方面都取得了長足的發展，有力地提升了政府經濟調節、市場監管、社會管理和公共服務等各項能力，有效地促進了政府職能轉變，提高了行政效率，降低了行政成本，為建立行為規範、運轉協調、公正透明、廉潔高效的行政管理體制，保障公民的知情權、參與權、監督權發揮了重要作用。

(1)「十二五」之前。黨的十六大已經為中國電子政務的發展指明了方向：「進一步轉變政府職能，改進管理方式，推行電子政務，提高行政效率，降低行政成本，形成行為規範、運轉協調、公正透明、廉潔高效的行政管理體制。」

中辦發〔2002〕17號文件明確指出：「把電子政務建設作為今後一個時期中國信息化工作的重點，政務先行，帶動國民經濟和社會發展信息化。」提出了「十五」期間電子政務建設的指導原則和主要目標。指導原則是需求主導，突出重點；統一規劃，加強領導；整合資源，拉動產業；統一標準，保障安全。該文件還確定了電子政務的主要目標和任務，即中央和地方各級黨委、政府部門的管理能力、決策能力、應急處理能力、公共服務能力得到較大改善和加強，電子政務體系框架初步形成，為下一個五年計劃期的電子政務發展奠定堅實的基礎；同時也提出了加快電子政務建設的主要措施。

① 主要目標。電子政務建設的主要目標是初步建成標準統一、功能完善、安全可靠的政務網路與信息平臺；重點業務系統建設，基礎性、戰略性政務信息庫建設取得實質性成效，信息資源共享程度有較大的提高；初步形成電子政務安全保障體系；人員培訓工作得到加強；與電子政務相關法規和標準的制定取得重要進展。

② 重點任務。電子政務建設的重點任務可以概括為「兩網」「一站」「四庫」和「十二金」，即加快建設政務內外網平臺和政府門戶網站；整合信息資源，建立人口、法人單位、空間地理和自然資源、宏觀經濟等四個基礎數據庫；建設和完善宏觀經濟管理、金關、金稅、金財、金卡、金盾和社會保障等十二個業務系統。

兩網：建設和整合統一的電子政務網路。電子政務網路由政務內網和政務外網構成，內網主要完成機關內部公文、信息、值班、會議、督查等業務的網上辦理，為機關公務員提供政務、管理、決策支持、應急指揮等方面的信息支持與服務。外網是在內網建設的基礎上，通過上、下、左、右互聯而成的全國政府系統辦公業務資源網，主要實現上下級之間、地區部門之間公文傳輸、信息交流等功能。外網是由多個局域網互聯而成的廣域網，兩者在物理上是一套網路，是全國政府系統的內部辦公業務網。兩網之間物理隔離，政務外網與互聯網之間邏輯隔離。

一站：政府門戶網站。它是指在各政府部門的信息化建設基礎之上，建立起跨部

門的、綜合的業務應用系統，使公民、企業與政府工作人員都能快速便捷地接入所有相關政府部門的業務應用、組織內容與信息，並獲得個性化的服務。在「一站」的基礎上積極推進公共服務，通過政府公眾信息網，搭建在因特網基礎上的、面向社會大眾的政府門站網站。同時也包括機關大樓布設的可以上國際互聯網的網路。為保密和網路安全，這套網路與機關內部辦公業務網是物理分隔的。

四庫：規劃和開發重要政務信息資源。組織編製政務信息資源建設專項規劃，設計電子政務信息資源目錄體系與交換體系；啟動人口基礎信息庫、法人單位基礎信息庫、自然資源和空間地理基礎信息庫、宏觀經濟數據庫的建設。

十二金：建設和完善重點業務系統。加快辦公業務資源系統、金關、金稅、金融監管（含金卡）、宏觀經濟管理、金財、金盾、金審、社會保障、金農、金質、金水的系統建設。

加快政務信息公開的步伐，推動各級政府開展對企業和公眾的服務，近兩年重點建設並整合綜合門戶網站，促進政務公開、行政審批、社會保障、教育文化、環境保護、「防偽打假」「掃黃打非」等服務。

（2）「十二五」期間。黨的十七屆五中全會通過的《中華人民共和國國民經濟和社會發展等十二個五年規劃綱要》（建議稿）對未來中國信息化發展的戰略目標、產業、應用以及電子政務、電子商務等都提出了明確的要求。其核心理念就是要全面推進國家信息化。其中，在談到電子政務發展時，明確指出電子政務要以信息共享、互聯互通為重點，大力推進國家電子政務網路建設，整合提升政府公共服務和管理能力。

7.4.3.5 加快中國電子政務建設的意義

建立電子政府，加快電子政務建設是世界發展的潮流，也是電子信息技術應用於政府管理的必然趨勢。在經濟全球化和信息技術飛速發展的條件下，西方發達國家高度重視政府治理的變革，積極運用信息技術改造傳統的政府管理模式，並在實踐中取得顯著成效：提高了政府管理效率，滿足了民眾對政府提供公共服務的各種新要求，大大提高了國家競爭力。加快中國電子政務建設，其重要意義主要體現在以下幾方面：

（1）可以提高政府為公眾服務的意識和水平，提高服務質量，全面提升政府形象，促進政府職能的轉變。

（2）有利於增強推行政令的時效性，提高政府工作的效率，實現資源共享，降低行政成本。電子政務為建立高效能的政府提供了良好的契機。它可以有效地利用政府內部和外部資源，提高資源的利用效率，對改進政府治理、降低行政管理成本具有十分重要的意義。

（3）有利於政府接受社會監督，促進政務公開和廉政建設。實施電子政務，可以

加強社會公眾對政府各權力機構運行的監管，並可以實現政府相關信息和業務處理流程的公開化。隨著電子政務的實施，公眾可以更直接、更方便地監督政府的行政事務，更有效地使用政府的有關資源，使腐敗現象降到最低點。

（4）有利於推動全社會的信息化。國內外信息化發展的實踐表明，各國政府一直是推動信息化最主要的動力，如美國、歐盟、日本、新加坡等。政府率先信息化對一個國家的信息化發展起著重要的推進作用，政府首先實現信息化才會帶動企業、社會公眾的信息化步伐。

因此，電子政務需要在發展過程中進一步完善。但實施電子政務已成為政府機構改革的趨勢和必然選擇，中國政府必須面對這個潮流，抓住這個機遇，利用電子政務來促進政府改革。

7.4.3.6 中國電子政務的最新發展：微博政務[①]

近年來，微博等網路平臺在中國快速發展、迅速普及。群眾在微博上反應社情民意、發布和交流信息、在一定程度上起到了積極作用，但也帶來了一些新問題和挑戰。

電子政務如何積極利用和發展博客等網路平臺、依法管理和確保新興網路政務平臺的安全，推動新興網路政務平臺健康有序發展，更好地服務群眾、造福社會是一個很重要的問題。

微博傳播快、覆蓋廣、影響大，是信息傳播的一個重要平臺。政府應該從提高黨和政府治國理政能力的戰略高度，認真貫徹落實黨的十七屆六中全會《中共中央關於深化文化體制改革、推動社會主義文化大發展大繁榮若干重大問題的決定》中有關「發展健康向上的網路文化」「加強網上輿論引導，唱響網上思想文化主旋律」和「加強對社交網路和即時通信工具等的引導和管理」的部署要求，適應新形勢、運用新平臺，積極開展微博輿論引導工作，努力運用微博服務群眾、服務社會。微博政務的基本功能包括：

（1）促進網民溝通交流。網民溝通交流的信息是微博內容的主體，進行情感思想溝通和工作生活交流是網民使用微博的主要需求。政府應該加強管理，引導知名博主增進對國情、社情、網情的瞭解，增強社會責任感，充分發揮在網上輿論引導中的積極作用。

（2）通過微博推進網路文明建設。有效淨化了網路環境，提升了網路文明水平。網路文明建設是社會主義精神文明建設的重要內容。政府應推動微博成為傳播積極向上信息和文明理性表達意見的新平臺，成為踐行社會主義榮辱觀、弘揚社會主義核心價值體系的文化陣地、輿論陣地。

[①] 本小節參考中國電子政務網，http://www.e-gov.org.cn/news/news001/2011-11-29/124980.html．

（3）通過微博推動黨政機關和領導幹部更好地聯繫和服務群眾。國家機關和人民團體及公職人員可以通過微博瞭解社情民意，傾聽群眾呼聲、瞭解群眾願望、關心群眾疾苦，把微博作為聯繫群眾、服務群眾的重要渠道。目前，黨政機關及公職人員已開設的四萬多個微博帳戶，包括江蘇省南京市政府新聞辦、新疆維吾爾自治區阿克蘇市政務微博群、山東省菏澤市牡丹區政務微博群等一大批黨政機關官方微博客，及時發布政務信息，認真回應關切，實現了與公眾的良性互動，推動了實際工作。

微博政務在使用過程中也存在一些問題，主要有：少數人利用微博編造和散布謠言，傳播淫穢色情低俗信息，故意侵犯他人權益，進行非法網路公關。網民在上網時應守法自律，不傳謠、不信謠。微博網站應加強信息發布管理，不給違法有害信息提供傳播渠道，共同創建一個誠信、健康、文明的網路環境。

7.5 國外電子政務的現狀

電子政務最初發端於美國，隨後，其浪潮很快席捲全球。在美國之後，英國也開始大力推廣電子政府，且其電子政務在全世界處於領先地位，加拿大和澳大利亞也陸續開通電子政務。在亞洲，新加坡堪稱建設電子政府的先驅者。通過新加坡政府設立的「E-Citizen Center」，新加坡居民從申辦出生證、結婚證、死亡證到納稅、企業註冊登記等幾乎所有的行政手續都能通過互聯網在線辦理。

7.5.1 國外電子政務

7.5.1.1 加拿大電子政務信息網路

加拿大發展信息高速公路的目的是要建立高品質、低成本的信息網路，使每一個加拿大公民皆有公平享受就業、教育、投資、娛樂、醫療保健、社會福利信息的機會，並使加拿大成為信息高速公路的主要使用者及服務提供者，以促進加拿大經濟、社會及文化建設方面的發展。

加拿大政府郵件傳遞系統是世界上最大的政府局域網之一。加拿大信息高速公路是一個全國範圍的框架，是一個「無縫」的網路，通過政府的網路和計算機，政府可以和公民直接對話。加拿大電子政務提供的服務如下：①共同性的電子郵遞服務，連接大約 15 萬名聯邦公務員。②政府網路合理化方案，最終的目標是要建立一個供聯邦政府使用的單一的、共同骨幹網，這項措施對於提供單一窗口的服務是相當重要的。③國際網路服務。④共同性電信及信息服務。⑤共同性電子商務信息基本架構及服務。⑥單一窗口創新措施的支援服務，包括「一攬子」服務中心的支援服務、公用信息服務站支援服務。⑦網路合理化及管理服務，包括依據顧客需求提供各種寬帶的通信服務、網路管理主控管中心服務、骨幹網路服務、ATM 服務。⑧資料倉儲企業

環境服務。⑨資料處理設施管理服務。

7.5.1.2 日本的電子政府

日本於 1993 年 10 月制定了《行政信息推進計劃》，目的在於提高政府部門的辦事效率，改善政府部門的服務質量。進入 21 世紀以後，日本大力推進電子政府的建設，取得了一些引人注目的進展。從其實踐來看，日本電子政府的建設不僅有利於提高政府的辦事效率，降低行政管理成本，而且對整頓吏治、杜絕腐敗也有重要意義。

日本的電子政府建設是在美歐發達國家率先起步後，憑藉其強大的信息通信技術基礎急起直追，大力推進並取得顯著進展的。

2000 年 9 月，時任首相的森喜朗在國會演說時提出了「e-Japan」的構想。這是日本領導人第一次將信息通信產業納入國家中長期發展計劃的嘗試。森喜朗在這一演說中宣布，日本要在 5 年內成為世界上最先進的 IT 國家之一，建成「日本型的 IT 社會」。此後，日本歷屆內閣先後發表了《IT 國家戰略》（2000 年 11 月 6 日）、《e-Japan 戰略》（2001 年 1 月 22 日）、《e-Japan 重點計劃》（2001 年 3 月 29 日）、《e-Japan 2002 年項目》（2001 年 11 月 7 日）和《IT 領域規制改革的方向》（2001 年 3 月 29 日）、《2002 年 e-Japan 重點計劃》（2002 年 6 月 18 日）等文件，對「e-Japan」的構想做了具體規劃和落實。

根據這些計劃，日本以 5 年為期完成全國超高速網路的建設。其階段性的目標是：①在 2002 年實現全國統一居民番號制，基本形成電子政府的全國網路。②到 2005 年，日本全國 4,300 萬戶居民中至少有 3,000 萬戶居民可以 10 兆（Mbps）的速度接通高速互聯網，有 1,000 萬戶居民可以利用 100 兆（Mbps）的超高速互聯網。③在 2002 年內修改有關法律以促進電子商務的發展，2003 年的電子商務的規模要比 1998 年擴大 10 倍以上。其中，企業之間（B2B）電子商務規模為 70 萬億日元，企業與消費者之間（B2C）電子商務規模為 3 萬億日元。④大力培養 IT 人才，2005 年日本在 IT 領域獲得碩士、博士學位的人數要超過美國，並吸收來自世界各國的 3 萬名 IT 領域的專家。

依託其強大的經濟實力和 IT 產業的雄厚基礎，經過幾年的努力，日本在建設電子政務方面取得了一些明顯的進展，使得日本電子政務的功能不斷完善。

（1）電子公告。日本中央政府和地方自治體致力於建立專用網頁，將有關的行政信息完整、及時地向公眾公布。

（2）電子申請。日本的中央政府和地方自治體幾乎每天都要處理來自企業和居民的各種申請和申報，各級行政機構為此配備了大量的人力、物力。

（3）電子招標。2001 年 9 月，神奈川縣橫須賀市在日本率先引進了電子招標制度。電子招標制度是將包括公共工程在內的政府採購由傳統的張榜公布改為通過政府網路進行招標，從獲取信息、申請投標，到公布競標結果等，都可以在網上完成。

(4) 電子納稅。主要發達國家早在 20 世紀八九十年代就開始實行通過網路申報個人收入和電子納稅。根據美國的經驗，電子納稅至少有三大好處：一是降低錯誤率。傳統的納稅報表，錯誤率常在 20% 左右，而電子申報的錯誤率可控制在 1% 以內。二是大幅度縮短退稅週期。採用傳統的納稅報表，退稅至少要等到 10 個星期後，但採用電子方式，3 個星期後就能拿到退回的稅款。三是可以採用多種支付手段。不僅可以從銀行的帳戶內扣除，還能用信用卡結算。日本國稅廳從 2003 年度起引進電子納稅系統，從 2004 年度起予以實施。

(5) 電子投票。電子投票是日本在建設電子政府過程中十分重視的一項課題。所謂電子投票，是指選民可以在投票站或自己家中設置的計算機終端通過互聯網進行投票。顯然，它除了可以更迅速地開票計票、降低選舉成本外，還方便選民投票。在選民投票意願日益低下的日本，推廣電子投票意義重大。2002 年 2 月，《地方選舉電子投票特例法》正式生效。同年 6 月 23 日，岡山縣新見市舉行市長、市議會選舉，這是日本歷史上第一次電子選舉。2003 年 2 月，廣島縣廣島市的市長選舉、4 月的岡山縣議會選舉（部分）、宮城縣白石市的市議會選舉以及 8 月的福島縣大玉村議會選舉都採用了電子投票的方式。還有一些地方自治體的議會和首長選舉打算引進電子投票方式。總務省在 2003 年度的預算中撥出 24,600 萬日元的經費，用以支持地方自治體推廣電子投票。

7.5.1.3 國外經驗和啟示

綜合分析國外電子政府發展現狀和實踐經驗，可以發現，大多數國家（或地區）的電子政府建設主要從提高政府部門內部效率和有效性、政府與政府、政府與企業、政府與居民四個方面開展的。雖然具體措施不盡相同，但有很多成功做法值得借鑑。

一是明確統一的領導與協調推進體系。加強組織機構建設，實施強有力的領導，建立相應的管理制度，不斷提高政府工作人員的改革意識和責任感。

二是及時制定電子政府發展戰略和階段性行動計劃。要有效地推進電子政務建設，首先必須要有一個統一的、綜合性的發展戰略作宏觀指導，以明確行動方向。從國外電子政務實踐來看，電子政務發展戰略的制定可以單獨進行，也可以作為國家信息化整體戰略的一個組成部分。戰略制定必須及時，並且要結合政治、經濟和社會發展水平，明確電子政府建設總體目標和具體的階段性行動計劃。

三是加強法律法規和標準化建設。法律法規主要涉及信息資源管理、電子簽名及認證、信息安全和政府業務流程規範等方面。很多國家出台了從網站建設到後臺基礎設施建設等一系列標準，以協調各級政府部門的電子政府工作。

四是以在線服務項目的應用帶動業務整合。以前臺應用帶動後臺整合是一條有效途徑，在確定前臺應用項目時，要把居民和企業最為關心而且又能實現的項目確定為優先發展的在線服務項目，充分考慮整體業務變革問題。在後臺整合過程中，需要加

強中央政府各部門之間以及中央政府與地方政府的協作。

五是與企業和其他機構建立良好的合作夥伴關係。企業和民間部門在資金投入和創新能力方面具有很大的優勢，國外在電子政府建設中主要採用市場化運作方式進行電子政務項目建設，如將系統開發建設甚至業務運行外包給企業。

六是加強工程項目管理和人員培訓。項目管理涉及範圍管理、時間管理、成本管理、質量管理、人力資源管理、溝通管理、採購管理、風險管理和綜合管理等諸多方面，要做到團隊人員構成科學合理、責權明確，注重對項目經理和有關人員的培訓工作。

七是重視績效評估。如美國推出了「電子政務計分卡」，對電子政府進展情況開展評估，以便及時瞭解現狀，明確存在的問題和下一步工作重點。

八是提供充分的資金支持。採取多種措施籌集資金，以保障電子政府務項目的開發建設、運行和維護。

由於各國（或地區）政治、經濟和文化等基礎和發展水平不同，在電子政府建設過程中面臨的問題和挑戰會有許多差異。在眾多的問題與挑戰中，有一些是帶有普遍性的。其中，認識問題、業務流程優化問題、安全問題、資金問題和推廣應用問題尤其值得注意。

本章小結

本章主要介紹了電子政務，包括電子政務的概念與類型、電子政務的案例、電子政務的發展歷程與應用、電子政務的國內外現狀，以及電子政務在中國的最新發展等內容。

1. 電子政務是借助電子信息技術而進行的政務活動。電子政務特點是使政務工作更有效、更精簡；使政府工作更公開、更透明；為企業和居民提供更好的服務；重新構造政府、企業、居民之間的關係，使之更加協調。電子政務的目的包括轉變政府職能、辦公信息化、提高效率、精簡機構、提高政府透明度及政務公開、加強廉政建設（政務公開化）、科學決策、提高執政水平（決策科學化）、加強政策宣傳和民眾教育。電子政務的實質是以信息技術為工具、以政務數據為中心、以業務應用為動力、以便民服務為目的。

2. 電子政務概念最早是由美國前總統克林頓（1993 年）提出的，20 世紀 90 年代興起，然後從發達國家散播開來。電子政務共有四個發展階段，分別是起步階段、政府和用戶單向互動階段、政府和用戶雙向互動階段以及網上事務處理階段。

3. 中國電子政務的發展從 20 世紀 80 年代政府辦公自動化開始。1993 年起，國務院成立了國家信息化聯席會議並實施金橋、金關、金卡和金稅等信息化重大工程，

1999 年為中國政府上網年，中國政府上網工程的主站點 http://www.gov.cninfo.net、http://www.gov.cn 正式啓播。2000 年，國家電子政務蓬勃發展和興起。2001 年提出中國「電子政務」的建設。

4. 電子政務主要包括三個組成部分：一是政府部門內部的電子化和網路化辦公；二是政府部門之間通過計算機網路而進行的信息共享和即時通信；三是政府部門通過網路與民眾之間進行的雙向信息交流。電子政務的內容非常廣泛。從服務對象來看，電子政務主要包括這樣幾個方面：政府間的電子政務（G2G）、政府對企業的電子政務（G2B）、政府與公眾間的電子政務（G2C）、政府部門內部的電子政務（E2E）四大類型。

5. 近年來，微博等網路平臺在中國快速發展、迅速普及。群眾在微博上反應社情民意、發布和交流信息，在一定程度上起到了積極作用，但也帶來了一些新問題和新挑戰。電子政務如何積極利用和發展博客等網路平臺，依法管理和確保新興網路政務平臺的安全，推動新興網路政務平臺健康有序發展，更好地服務群眾、造福社會是一個很重要的問題。

本章習題

單項選擇題

1. 電子政務主要借助了（　　）。
    A. 信息技術、網路技術和辦公自動化技術
    B. 信息技術、數據庫技術和計算機技術
    C. 計算機技術、電視技術和衛星技術
    D. 網路、計算機技術和衛星技術

2. 電子政務在管理方面與傳統政府管理之間有顯著區別，最重要的原因是（　　）。
    A. 工作快捷
    B. 對其組織結構的重組和業務流程的改造
    C. 把傳統事物原封不動的搬到互聯網上
    D. 工作效率高

3. 中國電子政務目前正處於哪個階段（　　）。
    A. 政府信息的網上發布　　　　B. 政府與用戶單向互動

　　　　C. 政府與用戶雙向互動　　　　　D. 網上事務處理
4. 電子政務的內容包括：政府間的電子職務、政府對公民的電子政務和（　　）。
　　　　A. 政府對各組織的電子政務　　B. 政府對企業的電子政務
　　　　C. 企業對政府的電子政務　　　D. 組織對政府的電子政務
5. 「OA」代表的中文意思是（　　）。
　　　　A. 辦公自動化　　　　　　　　B. 信息技術
　　　　C. 電子政務　　　　　　　　　D. 電子商務
6. 網上招聘屬於（　　）。
　　　　A. 政府部門內部的電子化和網路化辦公
　　　　B. 政府部門之間通過計算機網路進行的信息共享
　　　　C. 政府部門通過網路與公眾之間進行的雙向信息交流
　　　　D. 電子公文系統
7. 下面不屬於政府對公民的電子政務的是（　　）。
　　　　A. 電子醫療服務　　　　　　　B. 社會保險網路服務
　　　　C. 公民信息服務　　　　　　　D. 企業信息諮詢服務

判斷題

1. 電子政務是新型的、先進的、革命性的政務管理系統。
2. 電子政務的產生源於現代信息技術的發展和廣泛應用。
3. 電子政務是政府改革的內在需要。
4. 政府對企業的電子政務是指政府通過電子網路系統進行電子採購與招標，精簡管理業務流程，快捷迅速地為企業提供各種信息服務。
5. 政府對公民的電子政務是指政府通過電子網路系統為公民提供的各種服務。
6. 電子政務起源於英國。

簡述題

1. 請簡述中國電子政務的發展狀況以及中國電子政務的內容。
2. 請簡述電子政務的起源、發展和電子政務的階段。
3. 請簡述電子政務的應用模式。
4. 請簡述微博政務的基本功能。

8 電子商務的法律和稅收問題

8.1 電子商務的法律問題

8.1.1 電子商務法概述

8.1.1.1 電子商務法及其調整對象

電子商務法是指調整電子商務活動中所產生的以數據電文為交易手段而形成的商事社會關係的法律規範的總稱，是一個新興的綜合法律領域。

聯合國國際貿易法律委員會在《聯合國國際貿易法委員會電子商務示範法》（以下簡稱《電子商務示範法》）中對數據電文的定義是：「就本法而言，數據電文，是指以電子手段、光學手段、或類似手段生成、發收、或儲存的信息，這些手段包括不限於電子數據交換（EDI）、電子郵件、電報、電傳、或傳真。」該定義指出，當以數據電文為交易手段，即為無紙化形式的交易時，一般應由電子商務法來調整。

可見，電子商務法是一個全新的、獨立的法律部門，它以電子商務活動所產生的社會關係為調整對象，而其他法律部門均不以電子商務各個環節活動中所產生的社會關係作為調整對象。

8.1.1.2 國際電子商務相關法規

國際電子商務相關法規包括：《計算機記錄法律價值的報告》《電子資金傳輸示範法》《電子商務示範法》《電子商務示範法實施指南》以及《統一電子簽名規則》《貿易法委員會電子簽名示範法》《聯合國貿易法委員會〈電子商務法範本〉》等。

8.1.1.3 電子商務法的特徵

電子商務法具有一系列特徵：

（1）國際性。電子商務法具有國際性，即電子商務的法律框架不應局限在一國範圍內，而應適用於國際間的經濟往來，得到國際間的認可和遵守。

（2）技術性。電子商務法對電子商務的有關技術問題做出合理的規定，使電子商務這個信息時代的產物逐漸走上法制化軌道。

（3）安全性。電子商務法對電子商務的安全性問題進行規定，可有效預防和打擊各種計算機犯罪，切實保證電子商務及整個計算機信息系統的安全。

（4）開放性。電子商務法一直在不斷發展中，必須以開放的態度對待任何技術手段與信息媒介，建立開放型的規範，讓所有有利於電子商務發展的設想、技巧與手段都能容納進來。

（5）協作性。由於電子商務技術手段具有複雜性與依賴性，因此電子商務活動要求當事人必須在第三方的協助下，完成交易活動。電子商務的協作性特徵要求電子商務有多方位的法律調整，以及多學科知識的應用。

（6）程序性。電子商務法中有許多程序性規範，主要解決交易的形式問題，一般

並不直接涉及交易的具體內容。

8.1.1.4　電子商務法的主體

電子商務的主體包括政府、企業和消費者等，不能缺少任何一方的參與和支持。政府是電子商務法的倡導者和支持者，是政策、法規的締造者，更是市場經濟活動的宏觀調控者。企業是市場的主體，是電子商務的主力軍，既是電子商務的發起者與電子商務活動的提供者，同時還是電子商務活動的受益者；既可作為電子商務活動中的買方，也可作為賣方存在。消費者則是電子商務最終的服務對象與商務模式的創新之源，消費者一般作為電子商務的買方存在，有時也可作為電子商務活動的賣方。

8.1.1.5　電子商務法與傳統商法的比較

傳統商法是指調整商事交易主體在其商事行為中所形成的法律關係，即商事關係的法律規範的總稱。商法的調整對象是商事關係，即傳統商法的調整對象是傳統商務活動中發生的各種社會關係，而電子商務法的調整對象是電子商務交易活動中發生的各種社會關係。

傳統商法的立法原則是一般的立法原則，現代商法主要有四大基本原則：①強化企業組織。②提高經濟效益。這一原則主要體現為保護產權、維護信用、促使交易便捷三個方面。③維護交易公平。主要體現為平等原則和誠信原則。④保障交易安全。而電子商務法則除了一般的立法原則外，還應遵循國際性、技術中性等原則。

傳統商法包括民法、刑法的一部分，以及經濟法等，是一個體系，具體包括《中華人民共和國公司法》《中華人民共和國合夥企業法》《中華人民共和國個人獨資企業法》《中華人民共和國中外合資經營企業法》《中華人民共和國中外合作經營企業法》《中華人民共和國外資企業法》《中華人民共和國企業破產法》《中華人民共和國票據法》《中華人民共和國保險法》《中華人民共和國海商法》等。而電子商務法則可以單獨立法。

傳統商法的法律關係相對簡單，一次交易活動一般只涉及買賣雙方。而電子商務法的法律關係較複雜，一次交易活動可同時涉及多個參與方之間的法律關係，如買方、賣方、物流提供方以及支付平臺等。

傳統商法中沒有國際示範法，而電子商務法則先有國際立法即《電子商務示範法》，各國在其基礎上建立本國的電子商務法。

8.1.2　電子商務的主要法律問題

電子商務的飛速發展給法律方面帶來了許多新的衝擊，包括安全性問題、知識產權問題、言論自由和隱私權的衝突以及電子合同等電子文件的有效性問題，這些問題都對建立新的法律制度提出了迫切要求。

8.1.2.1　電子商務的安全性問題

目前，阻礙電子商務廣泛應用和推廣的主要的也是最大的障礙就是安全性問題。

互聯網的誕生並不是以進行商務活動為目的，而是為了能方便地共享計算機資源。互聯網開放有余而嚴密不足，因此，在互聯網上進行安全性要求很高的電子商務活動就必然要採取一些輔助措施。業內人士早在電子商務的發展初期就開始致力於從技術上保證電子商務的安全，如防火牆、加密與解密、數字簽名、身分認證等技術。通過使用這些技術，電子商務活動可以在進行的同時保證數據的機密性、完整性和不可抵賴性。但這些技術各有其自身的不足。

純粹依賴技術手段抵禦電子商務活動中各種類型的非法訪問和惡意攻擊，一方面是不可行的，另一方面其實也是防不勝防的。因此，只有通過政府的參與和管理，通過制定維護協調運作的法律和管理規則，使得每一個參與電子商務活動的企業與個人都知曉，如果不遵循這些運作規則，不但很難達到自己的商業目的，而且會付出較大的成本和代價。只有這樣，才能從根本上減少各種非法訪問和惡意攻擊，建立起良好的電子商務新秩序。

8.1.2.2 知識產權問題

網路的重要用途之一是資源共享，在此情況下，知識產權面臨著一系列問題，如網上發表文章是否有著作權、隨意下載網上信息後自行出版是否會侵犯知識產權等。電子商務技術的進步使貿易向無形化和快捷化方向發展的同時，也使知識產權保護變得更加困難。

在電子商務領域中，有兩個知識產權方面的問題尤為突出，一是版權保護問題，二是商標和域名的保護問題。

8.1.2.2.1 版權保護

網上交易通常都包括銷售知識產權的授權產品。以前的知識類產品都被賦予某種形式，加以特定的包裝，從某一儲存地點發送到客戶手中。而利用現有技術，軟件、CD、報刊、新聞、股市行情等信息的無形產品與服務內容可以在網上以電子形式傳送，這一方面的業務有著巨大的增長潛力。而這種網上交易能否成功發展，不僅取決於互聯網的基礎設施的建設情況，更取決於知識產權的保護情況。

儘管互聯網為數字產品的傳播與銷售提供了成本低廉、迅速方便的手段，但是知識產權的所有者如軟件開發商、藝術家、唱片商、電影製片廠、作家以及出版部門擔心他們的產品能否得到保護。通過互聯網進行的數字拷貝和傳遞最有可能導致侵犯版權。常見的網上侵犯版權的行為包括：①大量電子書籍的任意下載。這不僅侵犯了原著作者的版權，也侵犯了網上電子書店的利益。②大量無授權軟件的下載。此外，還有一些網路使用者把並非自己所有的正版軟件隨意上傳以供他人共享。這都毫無例外地掠奪了軟件開發者的勞動，也是對網上軟件市場的沉重打擊。③大量免費在線收看或下載電視電影。

以上這些侵犯版權的行為都不利於無形商品的電子商務發展。如果版權收入不能

從互聯網商務中收繳上來，那麼這種商務就必然無法持續下去。目前世界各國都在尋求解決知識產權及版權等問題的技術方案，並取得了一定進展。例如，可以利用附在取得版權的文本上的一串數字組成的「數字目標示別碼」，幫助追蹤非法傳播者，也可以使用防止印刷和提供版權信息的密碼等。

<h3 style="text-align:center">新聞事件：版權爭奪抬升視頻門檻——奇藝網的異軍突起</h3>

因為版權，國內視頻行業的門檻被抬升到了前所未有的高度。

2010年3月3日，百度集團獨立的網路視頻公司正式對外公布品牌中文名稱「奇藝」，同時也清晰地向外界展示了該公司的視頻業務模式。奇藝網 CEO 龔宇雄心勃勃地表示，要建立國內最大的正版視頻庫，「我們的目標是到年底前，一定要成為這個行業正版規模最大的！」

外界分析認為，在幾乎整個視頻領域都因質疑 YouTube 模式而彌漫著「正版」氛圍的當下，奇藝網以正面形象介入，必將加劇片源正版戰火的蔓延。據《IT 時代周刊》瞭解，有別於目前國內以「微視頻」和「分享」為主要特點的其他視頻網站，龔宇將把重心投放在影視劇等長視頻內容，並高調走出一條高清的發展路線。

（資料來源：騰訊科技）

8.1.2.2.2 商標保護

商標是商品的生產者和經營者在其生產、製造、加工、揀選或者經銷的商品上或者服務的提供者在其提供的服務上採用的，區別商品或者服務來源的，由文字、圖形或者其組合構成的，具有顯著特徵的標誌。在電子商務迅速發展的過程中，網上的商標侵權也愈演愈烈，給商標法律保護帶來新的問題。

（1）電子公告牌上的商標侵權。電子公告牌系統是互聯網上一種重要的信息通信方式，人們可以向電子公告牌系統（BBS）上傳和從那裡下載信息，因而企業的商標權易被侵權。

（2）連結引起的商標之爭。在互聯網上處於不同服務器上的網頁文件可以通過超級連結互相聯繫，因此，只要在網頁上設置了另一個網頁或者網頁的另一部分內容的連結，就可以實現網上文件之間的自由轉換和跳躍。

近來，因為網上連結引起的商標侵權糾紛屢屢發生。例如 A 公司未經 B 公司的許可，就在自己的網頁上設置了 B 公司網頁的連結，以方便用戶獲得更多的信息。這就造成 A 公司對 B 公司商標權的侵犯。

（3）隱形商標侵權。繼超文本連結之後，商標侵權糾紛的另一個熱點就是由網上搜索引擎引起的「隱形商標侵權糾紛」。這類商標糾紛的特徵是某人將他人的商標埋置在自己網頁的源代碼中，這樣雖然用戶不能在該網頁上直接看到他人的商標，但是

169

當用戶使用網上搜索引擎查找他人商標時，該網頁就會位居搜索結果的前列。

8.2.2.3 域名搶註與保護

域名作為一個企業的標誌和形象，與商標極其相似，同樣屬於知識產權的範疇。在電子商務的法律問題當中，域名搶註問題已經逐漸為人們所重視。

在互聯網蓬勃發展的今天，域名在電子商務活動中代表的是一個企業的形象。各大企業幾乎全部註冊了自己的域名，可見域名在國際電子商務活動中越來越受重視，並且迅速發展。但在發展過程中也出現了不和諧的音符，一些知名的企業的域名被別的機構或企業惡意搶註，以實現其商業利益，而一旦被搶註的企業想要得到域名的使用權時，就不得不花費比註冊域名高昂很多的代價，從那些搶註了自己域名的企業或個人手裡買回或租用本應屬於自己的域名，否則就只能退而求其次地選擇一個與大眾或消費者早已耳熟能詳的形象不相符合的域名，這種無奈的做法給企業的商業競爭力帶來的負面影響是不言而喻的。

（1）域名搶註的類型。所謂域名搶註，可以簡單地分為兩類：

一類是一個從未被註冊過的域名的搶註。這種情況下，一般是域名的註冊者預見到該域名潛在的價值，在其他人想到或還沒來得及註冊之前完成該域名的註冊。此類型的搶註包含一些對知名品牌、知名團體或個人的名稱、知識產權等的搶註。

另一類是對一個曾經被註冊過的域名的搶註。一個被註冊過的域名，如果未能在有效期結束前及時續費，則會在一段時間後被刪除，在被刪除後的第一時間內，搶先註冊到該域名的行為，就可視為這種類型的搶註。一個域名在被刪除之後，任何個人、機構，都可以通過域名註冊商去註冊這個域名，沒有任何的限制，完全遵從先到先得的原則。目前，很多網站提供將要被刪除的域名的查詢功能，因此，一些好的域名，往往在被刪除後的一秒鐘之內就被一個新的註冊者所註冊。大多數情況下，你甚至還來不及查詢到這個域名是否被刪除了，就已經被人捷足先登了。

當然，在利益的驅使下，會有很多註冊商與這些域名搶註商達成協議，從而使得這場域名搶奪的競爭變得更加殘酷，也使得個人能夠註冊到非常有價值的域名的機會減小了很多。與商標被搶註一樣，域名被搶註造成的後果同樣是企業的知識產權被侵犯。這就要求政府盡快制定和實施相關的法律規範，制約和懲戒侵犯知識產權的行為。

（2）惡意搶註國內域名。中國國家代碼（cn，也稱為國內域名）域名由中國政府指定的 CNNIC 來管理。中國相關的域名政策有《中國互聯網路域名註冊暫行管理辦法》與《中國互聯網路域名註冊實施細則》，這兩個政策對「.cn」下的域名註冊有相關的規定。

① 對域名的歸屬出現糾紛時的處理的相關規定。在由於域名的註冊和使用而引起的域名註冊人與第三方的糾紛中，CNNIC 不充當調停人，由域名註冊人自己負責處

理並且承擔法律責任。

當某個三級域名與在中國境內的註冊商標或者企業名稱相同，並且註冊域名不為註冊商標或者企業名稱持有方擁有時，註冊商標或者企業名稱持有方若未提出異議，則域名註冊人可繼續使用其域名；若註冊商標或者企業名稱持有方提出異議，在確認其擁有註冊商標權或者企業名稱權之日起，CNNIC 為域名持有方保留 30 日域名服務，30 日後域名服務自動停止，其間一切法律責任和經濟糾紛均與 CNNIC 無關。

② 如何防止域名被惡意搶註。根據《中國互聯網路域名註冊暫行管理辦法》的規定，禁止轉讓或買賣域名，有了這一條，就能夠比較有效地防止域名被惡意搶註的情況發生。但在域名申請的實際工作中，域名被惡意搶註的現象仍然存在。一旦發現自己的域名被惡意搶註，可以通過法律程序解決，但要花費大量的人力、財力。因此，建議最好盡快註冊自己的域名，以防止域名被搶註。

這說明「.cn」下的惡意搶註域名的解決方案與政策措施還很不完善。目前，CNNIC 委託中國社會科學院知識產權中心開展了專題研究並提出了具體方案和論證報告。經 CNNIC 工作委員會討論，公布了《中國互聯網路域名爭議解決辦法（討論稿）》，正在廣泛徵求各界意見。

域名搶註案例

案例一：據北京媒體報導，「團團」「圓圓」一經公布，便在網路域名搶註領域引起軒然大波，「團團」「圓圓」的中文和英文重要域名全部被有心人搶註。據上海的彭先生介紹，春節晚會上「團團」「圓圓」這兩個名字公布後的幾秒鐘內，他就已經把與兩隻大熊貓有關的 16 個域名全部註冊到了自己名下。他共搶註了 16 個相關域名，並拋出了 333 萬元出售的天價。16 個域名分別為「團團.com」「圓圓.com」等，每一個的最低拍賣價都在 10 萬元人民幣以上，而最貴的要 88 萬元。

案例二：近來國內一些著名品牌域名被搶註的消息不時見諸報端，中文域名搶註愈演愈烈。奧運吉祥物「五福娃」揭曉當晚，「五福娃」的.cn 和.com 域名就已經被搶註。部分域名隨後在淘寶、易趣等網上熱賣，一度被拍到 5 萬元的天價。賣家們這樣解釋它的昂貴：「此名稱在未來三年內絕對升值潛力無限。」

案例三：在「神六」發射前，「shen6」域名已被搶先註冊，並被轉讓，最高報價達 13 萬元。

案例四：廣東科龍（容聲）集團有限公司訴吳永安域名註冊糾紛案。

廣東科龍（容聲）集團有限公司（以下簡稱科龍公司）於 1992 年元月獲得「KELON」註冊商標專用權，並自 1992 年起將該商標用於其所生產銷售的家電商品上。1997 年 9 月，吳永安開辦的永安製衣廠（個體工商戶）向中國互聯網路信息中心註冊「kelon.com.cn」域名，並取得註冊登記證書。1997 年底，科龍公司曾與吳

永安商談有關「KELON」域名註冊事宜,吳永安向科龍索取 80 萬元的轉讓費,遭到科龍拒絕。1998 年元月,吳永安發送傳真給科龍公司稱:「為了盡快了結關於科龍域名的爭議權,永安制衣廠要求對方補償現金五萬元,即放棄爭議權。」科龍公司遂以吳永安為被告訴至北京市海澱區人民法院。

北京市海澱區人民法院受理本案後,吳永安曾信函告之:「要求科龍公司補償其域名註冊費 2,000 元,首年度運行費 300 元,願放棄『KELON』域名的使用權。」經法庭詢問,科龍公司拒絕吳永安的要求。1999 年 3 月 6 日,本案開庭審理前,被告吳永安再次信函告之一審法院:「其已向中國互聯網路信息中心提出申請,要求註銷其註冊的『kelon.com.cn』域名,並寄回了註冊證書。」經向中國互聯網路信息中心查詢,永安制衣廠註冊「KELON」域名的網頁自註冊之日起至訴訟日止一直為空白。中國互聯網路信息中心已於 1999 年 3 月 25 日完成永安制衣廠「kelon.com.cn」域名的註銷工作。1999 年 3 月 29 日,科龍公司已獲得「kelon.com.cn」域名。科龍公司以被告吳永安自動停止了侵權行為為由,向一審法院提出撤訴申請。

2008 年 06 月 12 日來源於中國法院網

8.1.2.3 隱私問題

當前,客戶在網上購物或瀏覽相關信息時,常需要輸入身分證號碼、信用卡帳號以及密碼和需求等個人信息,並將它們通過網路傳送給商家。儘管互聯網提供了各種安全防範措施,但很多人擔心資料失竊或丟失以及私人信息在網上的廣泛傳播,所以不願通過網路提供信用卡等個人信息。這種對電子商務交易中個人信息保護的懷疑態度是網上交易的最大障礙。儘管隨著網上購物者的增加,以及網上支付的安全性越來越高,這種擔心會逐漸消失,但在網路環境中,為了使用戶安全放心地使用網路,確保個人隱私權仍是非常必要的。

遠程交易、聯機採購等往往需要採購者提供姓名和地址,這就有利於在網路商業數據庫中建立客戶資料檔案。收集客戶過去的採購信息可以使企業進一步為客戶提供適當的服務,比如通知客戶某種功能的新產品的發布等。某些網站要求訪問者進入網站時需要提供個人信息,作為提供信息的回報,這些網站可能會提供會員服務,諸如新產品信息或新聞簡報。在很多情況下,用戶根本無法知道他們提供的個人信息將會被網站或企業如何傳播和利用,更無法限制商家公開該信息的程度,比如這些個人資料是只限於商家內部使用,還是在一定條件下部分對外公開,還是毫無限制地對外發布。

因此,在電子商務交易的個人隱私權原則中,企業使用客戶的私人信息應做到事前通知及獲得許可。信息收集者應告知客戶,他們正在收集什麼信息以及打算如何使用這些信息,並在得到客戶許可後方可使用;同時信息收集者應該為客戶提供一種有

效的途徑，以便限制對私人信息的盜用和重複使用。

8.1.2.4 確保電子商務中電子合同的法律效力

無論是否是電子交易，每一項成功的交易都需要參與交易的個人、公司或政府之間有一個合同，明確知道彼此之間希望得到的利益，明確各方為實施合同所必須承擔的義務。

電子商務活動的順利進行，也離不開電子合同。怎樣使電子合同與傳統的紙面合同具有同等的法律效力，對當事人的利益和義務進行保護和監督，也是電子商務交易中一個突出的問題。

8.1.3 電子商務的國際立法與各國立法情況

8.1.3.1 電子商務法的內容

電子商務法主要包括以下內容：①數據電文法律制度，包括數據電文的概念與效力，數據電文的收發、歸屬及完整性與可靠性推定規範等。②電子簽名的法律制度，包括電子簽名的概念及其適用、電子簽名的歸屬與完整性推定、電子簽名的使用與效果等。③電子認證法律制度，包括認證機構的設立與管理、認證機構的運行規範與風險防範、認證機構的責任等。

此外，電子商務法還包括電子商務合同的制度、電子支付法律制度、電子商務物流法律制度、電子商務稅收法律制度、電子商務安全法律制度、電子商務知識產權法律制度、電子商務隱私權法律制度、電子商務消費者權益法律制度、電子商務市場監管法律制度、電子商務經營法律制度、電子商務刑事法律制度、電子商務司法管轄法律制度以及電子商務仲裁法律制度等。

8.1.3.2 電子商務的全球性要求對其立法要各國協調進行

電子商務的全球性必然要求對之進行的立法工作要各國協調進行，其所涉及的方方面面遠遠不是一個簡單的問題，有待於各國政府的共同努力。

8.1.3.2.1 電子商務的國際立法

（1）聯合國貿易法律委員會電子商務立法的主要過程。聯合國探討電子商務的法律問題始於 20 世紀 80 年代。1982 年，聯合國國際貿易法律委員會在第 15 屆會議上正式提出計算機記錄的法律價值問題；1985 年 12 月 11 日，貿易法律委員會向聯合國提交《自動數據處理方面的法律建議》，被聯合國大會通過，揭開了電子商務國際立法的序幕。

1996 年 6 月，貿易法律委員會通過《電子商務示範法》，並於 12 月 16 日被聯合國第 15 次大會通過。

2001 年，貿易法律委員會通過了《數字簽名統一規則》，並正式命名為《電子簽名示範法》。

(2)《電子商務示範法》及其宗旨與特色。聯合國國際貿易法委員會於1996年推出了一部關於電子商務的示範法，即《聯合國國際貿易法委員會電子商務示範法》(簡稱《電子商務示範法》)。

示範法共分兩部分，計4章17條。第一部分題為「電子商務的一般規則」，由3章計15條構成，系統地規定了關於電子商務的一般原則，法律要求適用於數據電文的規則，以及數據電文交流的規則等內容。第二部分以「特殊領域中的電子商務」為標題，由1章計2條構成，實際上僅是規定了與貨物運輸合同及運輸單證有關的電子商務規則。

示範法是聯合國國際貿易法委員會向各國推薦採用的示範性法律文本，其本身並不具有法律效力和強制性。但是，各個國家一旦以示範法為藍本制定了自己的法律，那麼，示範法中的規則就會成為這些法律的組成部分。在這個意義上，示範法具有使世界各國的電子商務立法統一化的作用。考察示範法對於中國電子商務法制建設具有實踐意義。

《電子商務示範法》提供各國評價涉及計算機技術或者其他現代通信技術的商務關係中本國法律和管理的某些方面並使之現代化的參照文本，還可作為目前尚無法可依的有關法規的參照範本。雖然其對於推動各國電子商務的發展具有積極意義，但也存在缺陷，如《電子商務示範法》只起示範作用，供各國參考，不具有強制性，在許多方面沒有作出具體詳細的規定，有的只提出一個總原則和框架。

(3) 世界貿易組織（WTO）與電子商務立法。WTO建立後，就信息技術先後達成三大協議：

①《全球基礎電信協議》（1997年2月15日），要求各成員國向外國公司開放其電信市場並結束壟斷行為。

②《信息技術協議（ITA）》（1997年3月26日），要求所有參加方自1997年7月1日起至2000年1月1日將主要的信息技術產品的關稅降為零。

③《開放全球金融服務市場協議》（1997年12月31日），要求成員方對外開放銀行、保險、證券和金融信息市場。

(4) 經濟合作與發展組織（OECD）與電子商務立法。經濟合作與發展組織(Organization for Economic Co‐operation and Development，OECD)，成立於1961年，其前身是歐洲經濟合作組織（OEEC），是在第二次世界大戰後，美國與加拿大協助歐洲實施重建經濟的馬歇爾計劃的基礎上逐步發展起來的，目前共有北美、歐洲和亞太地區的34個成員。OECD的職能主要是研究分析和預測世界經濟的發展走向、協調成員關係、促進成員合作。OECD主要關心工業化國家的公共問題，也經常為成員制定國內政策和確定在區域性、國際性組織中的立場提供幫助。

1998年10月，OECD渥太華電子商務部長級會議公布了三個重要文件：《OECD

全球電子商務行動計劃》《有關國際組織和地區組織的報告：電子商務活動計劃》以及《工商界全球電子商務行動計劃》。

（5）世界知識產權組織（WIPO）與電子商務立法。世界知識產權組織（World Intellectual Property Organization，WIPO）總部設在瑞士日內瓦，是聯合國組織系統中的 16 個專門機構之一，是一個致力於促進使用和保護人類智力作品的國際組織。它管理著涉及知識產權保護各個方面的 24 項（16 項關於工業產權、7 項關於版權、1 項關於建立世界知識產權組織公約）國際條約。

1996 年 12 月 20 日，WIPO 通過《WCT 版權條約》和《WIPO 表演與錄音製品條件》（WPPT），統稱為「Internet 條約」。1996 年 12 月 23 日，WIPO 提出網路域名程序的報告，傾向「無意將域名創設成一種新知識產權，將現有知識產權適用到虛擬空間，賦予著名商標權人排除他人以其著名商標登記為網路域名的權利，目前正領導建立域名註冊的國際機構，規範域名搶註」。

WIPO 提出《互聯網名稱和地址管理及其知識產權問題》的報告，建立了全球性的有效解決域名糾紛的機制，以及域名註冊規範程序和域名排名等程序，處理好了域名與域名商標保護的關係問題。

（6）國際商會與電子商務立法。國際商會（The International Chamber of Commerce，ICC）成立於 1919 年，至今已擁有來自 130 多個國家的成員公司和協會，是全球唯一的代表所有企業的權威代言機構。它於 1987 年 9 月通過了《電傳交換貿易數據統一行動規則》，於 1997 年 11 月 6 日通過了《國際數據保證商務通則》，正在制定《電子貿易和結算規則》等交易規則。

（7）其他國際性組織與電子商務立法。1999 年 1 月，電子商務全球商家對話（CBDe）在美國成立。CBDe 在法國召開第一屆大會，發表《巴黎倡議》。2000 年 7 月，八國集團峰會發表《全球信息社會衝繩憲章》。

（8）地區性國際組織與電子商務立法。1981 年，歐洲國家推出第一套網路貿易數據標準《貿易數據交換指導原則》。2000 年歐洲通過決議，在 2000 年底通過電子商務所有立法，包括對版權的規定、遠程金融服務的規定、電子銀行的規定、電子商務的規定、網上合同法、網上爭端解決辦法等。

8.1.3.2.2　外國的電子商務立法

（1）美國的電子商務立法。1995 年，猶他州的《數字簽名法》是美國乃至全世界範圍的第一部全面確立電子商務運行規範的法律文件。1997 年，克林頓公布《全球電子商務框架》，1999 年 7 月公布《統一計算機信息交易法》。2000 年 6 月 30 日，時任美國總統的克林頓簽署了《電子簽名法》，為在商貿活動中使用電子文件和電子簽名掃清了法律障礙。

到目前為止，美國在州與聯邦政府一級共有近百部與電子商務相關的法律文件，

包括1997年的《稅務重組與改革法案》、1998年的《減少政府紙面文件法案》等法案。

（2）歐洲的主要電子商務相關立法。英國陸續公布了多部電子商務相關法律文件，如1984年的《數據保護法》、1996年3月的《電子通信法案》、1998年10月的《電子商務——英國稅收政策指南》、2000年用於監控電子郵件和移動電話的《管理和調查權利法案》（《電子信息法草案》）、2002年的《2002年電子商務（歐盟指令）條例》和《2002年電子簽名（歐盟指令）條例》等。

德國於1997年8月公布了《信息與通信服務法》，1997年8月公布了《數字簽名法》《信息和通信服務規範法》等。

義大利於1984年公布了《通過公共信息服務部門以電子手段傳遞的單證可具有一定的法律價值》法案，1996年的第675196號立法文件對個人數據保護進行了規範，1997年11月公布了《數字文件規則》《義大利數字簽名法》等。

1998年，芬蘭提出了一項「國家加密政策與加密報告指南」的立法動議。

俄羅斯於1995年1月公布了《俄羅斯聯邦信息法》，2002年1月普京簽署《電子數字簽名法》。

（3）日本的電子商務立法。1996年，日本通產省成立電子商務促進委員會ECOM，1997年公布了題為《迎接數字經濟時代——為了21世紀日本經濟和世界經濟快速發展》的草稿，2000年公布《電子簽名與認證服務法》。

（4）大洋洲的電子商務立法。澳大利亞於1998年3月發布《電子商務：法律框架構造》，2000年3月公布《電子交易法案》等。

新西蘭於1998年公布《電子商務第一部分：法律與企業社會形象指南》等。

8.1.3.2.3 中國電子商務相關法律規範

1998年11月18日，江澤民在亞太經合組織第六次領導人非正式會議上就電子商務問題發言時說：電子商務代表著未來貿易方式的發展方向，我們不僅要重視私營、工商部門的推動作用，同時也應加強政府部門對發展電子商務的宏觀規劃和指導，並為電子商務的發展提供良好的法律法規環境。

（1）電子證據和電子合同的法律效力問題。《中華人民共和國合同法》（1999年3月）對電子證據和電子合同的法律效力問題已有所涉及。

① 將傳統的書面合同形式擴大到數據電文形式。第十一條規定：「書面形式是指合同書、信件以及數據電文（包括電報、電傳、傳真、電子數據交換和電子郵件）等可以有形地表現所載內容的形式。」也就是說，不管合同採用什麼載體，只要可以有形地表現所載內容，即視為符合法律對「書面」的要求。這些規定，符合國際貿易委員會建議採用的「同等功能法」。

② 確定電子商務合同的到達時間。《中華人民共和國合同法》第十六條規定：

「採用數據電文形式訂立合同，收件人指定特定系統接收數據電文的，該數據電文進入該特定系統的時間，視為到達時間；未指定特定系統的，該數據電文進入收件人的任何系統的首次時間，視為到達時間。」

③ 確定電子商務合同的成立地點。《中華人民共和國合同法》第三十四條規定：「採用數據電文形式訂立合同的，收件人的主營業地為合同成立的地點；沒有主營業地的，其經常居住地為合同成立的地點。」

(2)《電子簽名法》。2004 年 8 月 28 日，十屆全國人大常委會第十一次會議表決通過《中華人民共和國電子簽名法》（以下簡稱《電子簽名法》），2005 年 4 月 1 日實施，首次賦予可靠的電子簽名與手寫簽名或蓋章具有同等的法律效力，並明確了電子認證服務的市場准入制度。該法共 5 章 36 條，第一章為總則，第二章是數據電文，第三章為電子簽名與認證，第四章是法律責任，第五章是附則。

《電子簽名法》是中國第一部真正意義的電子商務法，是中國電子商務發展的里程碑，它的頒布和實施極大地改善了中國電子商務的法制環境，促進了安全可信的電子交易環境的建立，從而大力推動中國電子商務的發展。《電子簽名法》的出台從根本上解決中國電子商務發展所面臨的一些關鍵性的法律問題，實現中國電子簽名合法化、電子交易規範化和電子商務的法制化，並為中國今後的電子商務立法奠定了堅實的基礎。該法確立了電子簽名的法律效力，明確了電子簽名規則，消除了電子商務發展的法律障礙，維護了電子交易各方的合法權益，保障了電子交易安全，為電子商務和電子政務發展創造有利的法律環境，對電子商務和電子政務的建設和發展具有重要而深遠的意義。

① 《電子簽名法》的基本內容。

a. 明確電子簽名的法律效力。《電子簽名法》明確規定：「民事活動中的合同或者其他文件、單證等文書，當事人可以約定使用或者不使用電子簽名、數據電文。當事人約定使用電子簽名、數據電文的文書，不得僅因為其採用電子簽名、數據電文的形式而否定其法律效力。」這樣，電子簽名便具有與手寫簽字或者蓋章同等的法律效力；同時承認電子文件與書面文書具有同等效力，從而使現行的民商事法律可以適用於電子文件。

b. 明確了電子簽名所需要的技術和法理條件。電子簽名必須同時符合「電子簽名製作數據用於電子簽名時，屬於電子簽名人專有」「簽署時電子簽名製作數據僅由電子簽名人控制」「簽署後對電子簽名的任何改動能夠被發現」「簽署後對數據電文內容和形式的任何改動能夠被發現」等若干條件，才能被視為可靠的電子簽名。這一條款為確保電子簽名安全、準確以及防範詐欺行為提供了嚴格的、具有可操作性的法律規定。

c. 規定了電子商務認證機構及其行為。電子商務需要作為第三方的電子認證服

務機構對電子簽名人的身分進行認證。認證機構是否可靠對電子簽名的真實性和電子交易的安全性起著關鍵作用。目前，中國社會信用體系還不健全，為了確保電子交易的安全可靠，《電子簽名法》規定了認證服務市場准入制度，明確了由政府對認證機構實行資質管理的制度，並對電子認證服務機構提出了嚴格的人員、資金、技術、設備等方面的條件限制。

d. 明確了電子商務交易雙方和認證機構在電子簽名活動中的權利、義務與行為規範。《電子簽名法》對電子合同中數據電文的發送和接收時間、數據電文的發送和接收地點、電子簽名人向電子認證服務提供者申請電子簽名認證證書的程序、電子認證服務提供者提供服務的原則、電子簽名人或認證機構各自應承擔的法律義務與責任等問題，都做出了明確的規定。

e. 明確了「技術中立」原則。《電子簽名法》借鑑了聯合國電子簽名示範法的「技術中立」原則，只規定了作為可靠的電子簽名應該達到的標準，沒有限定使用哪一種技術來達到這一標準，這為以後新技術的採用留下了空間。

f. 增加了有關政府監管部門法律責任的條款。「負責電子認證服務業監督管理工作部門的工作人員，不依法履行行政許可、監督管理職責的，依法給予行政處分；構成犯罪的，依法追究刑事責任。」可見，《電子簽名法》由立法明確指出追究不依法進行監督管理人員的法律責任，這是國外電子商務立法中所沒有的，也是針對目前中國市場信用制度落後、電子商務大環境不完善而特別需要加強監管的國情而做出的具體規定。

(3) 網路安全相關法律規定。中國《計算機信息網路國際聯網安全保護管理辦法》規定，任何單位和個人不得利用國際聯網，製作、複製、查閱和傳播下列信息：①煽動抗拒、破壞憲法和法律、行政法規實施的；②煽動顛覆國家政權，推翻社會主義制度的；③煽動分裂國家、破壞國家統一的；④煽動民族仇恨、歧視，破壞民族團結的；⑤捏造或者歪曲事實，散布謠言、擾亂社會秩序的；⑥宣揚封建迷信、淫穢、色情、賭博、暴力、凶殺、恐怖，教唆犯罪的；⑦公然侮辱他人或者捏造事實誹謗他人的；⑧損害國家機關信譽的；⑨其他違反憲法和法律、行政法規的。

《計算機信息網路國際聯網安全保護管理辦法》同時規定，任何單位和個人，不得從事下列危害信息網路安全的活動：①未經允許，進入計算機信息網路或使用計算機信息網路資源的；②未經允許，對計算機信息網路功能，進行刪除、修改或增加的；③未經允許，對計算機信息網路中存儲、處理或傳輸的數據以和用程序進行刪除、修改或增加的；④故意製作、傳播計算機病毒等破壞性程序的；⑤其他危害計算機網路安全的。

此外，中國《計算機信息網路國際聯網安全保護管理辦法》還對網路保密管理等進行了相應規定。

(4) 域名與商標權相關法律規定。《中國互聯網路域名註冊暫行管理辦法》規

定，不得使用他人已在中國註冊過的，企業名稱或者商標名稱；當某個三級域名，與在中國境內註冊的商標或者企業名稱相同，並且註冊域名不為註冊商標或者企業名稱持有方擁有時，持有方若未提出異議，則域名持有方可以繼續使用其域名，持有方提出異議，在確認其擁有註冊商標權或者企業名稱權之日起，各級域名管理單位為域名持有方保留 30 日域名服務，30 日後域名服務自動停止，其間一切法律責任和經濟糾紛均與各級域名管理單位無關。

(5) 對計算機犯罪的法律制裁。計算機犯罪分為兩大類五種類型，一類是直接以計算機信息系統為犯罪對象的犯罪，包括非法侵入系統罪；破壞系統功能罪；破壞系統數據、應用程序罪；製作、傳播計算機破壞程序罪。另一類是以計算機為犯罪工具實施其他犯罪，如利用計算機實施金融詐騙、盜竊貪污、挪用公款、竊取國家機密、經濟情報或商業秘密等。

根據《中華人民共和國刑法》（以下簡稱《刑法》）第 285 條規定，違反國家規定，侵入國家事務、國防建設、尖端科學技術、領域的計算機信息系統的，構成非法侵入計算機信息系統罪，處以 3 年以下有期徒刑或拘役。這個規定對國家重要計算機信息系統安全實行了嚴格的保護，行為人只要在沒有授權的情況下，侵入國家重要計算機信息系統，即使並未實施任何刪除、修改信息的行為，也構成該罪。該罪名對那些以破壞程序、非法侵入重要計算機信息系統為樂的黑客們來說，具有很強的針對性。

根據《刑法》第 286 條第 1 款規定，凡違反國家規定，對計算機信息系統功能進行刪除、修改、增加、干擾，造成計算機信息系統不能正常運行，情節嚴重的行為，構成破壞計算機信息系統功能罪，違反該規定，將被處以 5 年以下有期徒刑或拘役，後果特別嚴重的，將被處以 5 年以上有期徒刑。

根據《刑法》第 286 條第 2 款規定，違反國家法律規定，故意對計算機信息系統中存儲、處理或傳輸的數據和應用程序，進行刪除、修改、增加的操作，造成嚴重後果的行為，構成破壞計算機信息系統數據、應用程序罪。犯該罪後果嚴重的，將被處以 5 年以下有期徒刑或者拘役；後果特別嚴重的，將被處以 5 年以上有期徒刑。

根據《刑法》第 286 條第 3 款規定，故意製作、傳播計算機病毒等破壞性程序，影響計算機系統正常運行，後果嚴重的行為，構成製作、傳播計算機破壞性程序罪，犯該罪後果嚴重的，將被處以 5 年以下有期徒刑或拘役；後果特別嚴重的，將被處以 5 年以上有期徒刑。

電子商務所面臨的諸多法律問題還遠遠不止這些，但以上這些問題已經很顯著，目前迫切需要制定一些必要的相關電子商務法律，以解決電子商務上發生的各種糾紛。另外，還要制定相應的電子支付制度等法律法規，以規範貿易的順利進行，同時也要制定相關的進出口關稅的法律制度。

但是，對於電子商務交易法律法規的制定，不會是僅由某一個國家單獨完成，或各國各自完成。因為各國的法律不盡相同，有的甚至互相抵觸，比如，有的國家對互聯網內容有嚴格的審查制度，有的國家對加密軟件有很多限制措施，而有的國家並不加以限制。

從電子商務的發展要求出發，各國「統一商務準則」的趨同是不可避免的。否則，當發生爭端時，國際律師必然更加各執一詞，各國各自進行自己的立法工作顯然是不可行的，必然造成「公說公有理，婆說婆有理」的局面。電子商務的全球性必然要求對之進行的立法工作要各國協調進行，其所涉及的方方面面遠遠不是一個簡單的問題，將有待於各國政府的共同努力。

8.2　電子商務的稅收問題

8.2.1　電子商務的主要稅收問題

在信息技術的推動下，電子商務作為一個影響深遠的新生事物，會在稅收方面產生兩方面的影響。一方面，信息技術使得海關和稅收管理部門能夠更加及時準確地完成有關數據、信息的交換，從而提高工作效率，改善服務質量；另一方面，出於電子商務的某些特性的存在，使得國家稅務機構對互聯網上交易徵稅遇到了許多實際困難。比如，企業間（B2B）的電子商務交易從貿易夥伴的聯絡、詢價議價、簽訂電子合同，一直到發貨運輸、貨款支付都可以通過網路實現，整個交易過程是無形的，這就會為海關統計、稅務徵收等工作帶來一系列的問題，同時對各個國家內部的稅收制度也帶來新的挑戰。

8.2.1.1　關稅徵收的困難

電子商務活動中，實物商品的交易活動涉及實物商品跨國界的運動，關稅的徵收還可以設法實現。但是直接通過網上交易的無形產品，如計算機軟件、電子書等，這些交易的產品可以直接在網上傳輸，其費用的支付也可以經過網路完成，整個交易過程完全在網路中進行。在這種情況下，稅務機構難以對交易進行追蹤，無法確定交易人所在地和交易發生地，這就給稅收工作增加了相當大的難度，使得關稅的徵收變得非常困難。

國際互聯網的應用還使得稅務部門對跨國公司內部價格轉移的監管、控制變得更加困難。國際互聯網的應用進一步增強了跨國公司組織機構服務的一體化，促進了跨國公司經營活動的統一。同時，信息技術的發展並未對跨國公司內部價格轉移的做法帶來根本性的變化，而網路的發展通過刺激公司經營一體化，使得公司內部交易進一步加強，價格轉移更加容易。網路技術的發展，特別是內部網路的應用與發展，使得確定公司內部的交易情況愈發困難，跨國公司的內部網路給稅務機構確定某項特定交

易的性質及內容增加了一定的難度，使得稅務部門更加難以判斷跨國公司某項內部交易的真面目，這些都增加了稅收工作的困難和複雜程度。

而且，各國的稅收制度千差萬別，如何解決網上交易的關稅問題已經引起各國的關注，進行全球化的電子商務必須使稅收制度獲得協調統一的發展。

8.2.1.2 稅收管轄權面臨衝擊

在電子商務交易中，企業可以通過互聯網來進行國際貿易活動，交易雙方通過網路和連接雙方的服務器，就可以進行數字化商品的買賣活動。買賣雙方的交易行為很難被分類和統計，交易雙方也很難認定。電子商務的發展將會弱化來源地稅收管轄權。互聯網的出現使得交易活動和服務突破了地域的限制，提供交易和服務一方可能相距萬里，所以，在這種背景下，各國如何判定關稅收入的來源地將不可避免地產生眾多爭議。

8.2.1.3 交易信息、證明文件難以全面準確地獲得

關稅徵管離不開對國際貿易單證的審查。根據規定，所有這些記錄都要以書面形式進行保存。但是，在電子商務環境下，隨著信息技術尤其是互聯網的普及和運用，國際貿易雙方可以通過網路進行商品的訂購、貨款的支付，如果是數字化商品，還可以直接通過互聯網進行交付。隨著人們對網路的不斷接受和認可，經濟活動的無紙化程度越來越高，各種票據，比如訂單、發票、裝箱單、銷售合同、銷售憑證等都可以以電子形式存在，傳統稅收工作所依賴的書面文件銷聲匿跡，使得一些原有的審計方法無法適用。傳統關稅徵收工作所依靠的書面文件不斷減少，傳統的憑證追蹤審計也失去了基礎。此外，電子憑證可被輕易修改卻難以留下線索，也會導致常用的審計方法難以適用。

8.2.1.4 稅收成本增加

電子商務的發展，使得參加交易的企業數量，特別是中小企業的數量大大增加，同時削弱了仲介機構在交易中的作用，這就使得稅務部門難以像過去一樣，通過貿易仲介機構這些便利的徵稅點集中徵稅，而是必須從更多的分散的納稅人那裡收取相對來說金額較小的稅款，從而增加了徵稅的成本。

8.2.1.5 稅收的減少

在電子商務的交易方式下，隨著某些代扣稅以及某些消費稅的逐漸消亡，它們將難以再作為政府的稅收來源。

國際互聯網為企業和個人避稅開闢了一條新途徑。一個高稅率國家的消費者通過國際互聯網只要付少許的網上費用就可以從另一個低稅率國家購買到相對於本國價格便宜很多的商品，進行貿易的公司也可以同樣的方式實現逃稅。當然，其後果便是對稅率相對較高的國家產生極為不利的影響，造成財政稅收的損失。

8.2.1.6 電子商務對常設機構標準提出了挑戰

8.2.1.6.1 相關概念

（1）關稅，通常是指進口稅，由進口國海關對進口商徵收的稅收。在這裡，就有一個對本國進口商進行界定的問題。在現有國際稅收制度下，該進口商在進口國應當有常設機構（如註冊地在美國的企業在中國設有常設機構，則它從日本進口貨物就應該向中國交進口稅）。

（2）常設機構，聯合國 UN 範本和 OECD 範本都將常設機構定義為「一個企業進行全部或部分營業的固定營業場所」。在 OECD 和聯合國稅收協定範本中，只要締約國一方居民在另一方進行營業活動，有固定的營業場所，如工廠、分支機構、辦事處等，便構成常設機構存在的條件。常設機構原則是用來處理各國對跨國經營所產生的營業利潤的徵稅權分配問題的原則。依據該原則，如果一個公司在另一國被確定有常設機構，則常設機構所在國的政府將基於來源地管轄權對歸屬於該常設機構的所得依據該國稅法進行徵稅；假如該公司在另一國沒有常設機構，則該公司的所得原則上只在居民國繳納稅收。該原則設立的目的是避免國際雙重徵稅。

8.2.1.6.2 電子商務對常設機構標準提出了挑戰。

在 OECD 和聯合稅收協定範本中，只要締約國一方居民在另一方進行營業活動，有固定的營業場所，如治理場所、分支機構、辦事處、工廠等，便構成常設機構存在的條件。但是該標準在電子商務環境中卻難以適用。比如，假設甲公司在 A 國的管轄權範圍內擁有一臺服務器，並通過該服務器開展企業經營活動，但甲公司在 A 國並沒有實際的營業場所，那麼是否可認為甲公司在 A 國設立了常設機構呢？美國作為世界最大的技術出口國，為了維護其居民稅收管轄權，認為服務器不構成常設機構；而澳大利亞等技術進口國則認為其構成常設機構。

8.2.1.6.3 電子商務對常設機構標準挑戰引發的討論的幾類觀點

（1）第一種觀點主張廢止常設機構原則，這種觀點要求重新定義稅法上的管轄權、地域等基本概念，以重新構建收入來源地稅收法律體系。

（2）第二種觀點主張保留常設機構原則，認為無需對現有的常設機構原則做出任何修改，但是建議直接對電子商務開徵新的稅種，以保障收入來源國的稅收利益，如根據電子信息的流量徵收比特稅，根據計算機或調制解調器登入因特網的地區徵收的電腦稅，根據網上的資金流量徵收的交易稅或營業稅等。

（3）第三種觀點主張保留常設機構原則，但要求對現有的常設機構的確定規則進行修改，此種觀點主要主張兩種修改意見：

第一種意見是主張在繼續保留現行的常設機構概念原則的基礎上，通過對有關概念範圍的解釋和技術調整，使它們能繼續適用於對跨國電子商務所得的課稅協調，即對原有常設機構概念內涵與外沿的修改或擴展，通常是將常設機構的確定規則著眼於

服務器上。

第二種意見是反對常設機構確定規則中固定或有形場所的標準，主張在電子商務交易方式下納稅人與來源國是否構成了實質性的經濟聯繫，它們通常是將常設機構的確定規則著眼於網址上，而提出了「虛擬常設機構」的方案。

隨著討論的深入及實踐的進行，似乎第三種觀點，即對現有的常設機構的確定規則進行修改，得到更多人的認同。2000年12月22日，OECD財政事務委員會發布了對協定範本第5條註釋的修訂，更是對這種觀點進行了肯定。

> **小知識：比特稅**
>
> 「比特稅」方案最早是由加拿大稅收專家阿瑟·科德爾提出的。荷蘭經濟學家盧克·蘇特領導的一個歐盟指定的獨立委員會於1997年4月提交的一份報告中也建議開徵比特稅，即根據電腦網路中流通信息的比特數徵收稅款，但這種稅的缺點是不能區分在線交易和數字通信，而是沒有區別地統統徵收。一旦徵收比特稅，對數字通信業的發展無疑是一個沉重的打擊。他們認為網路貿易侵蝕現有稅基，必須對此採取措施，否則將造成大量財源在國際互聯網網上貿易中流失。
>
> 1999年7月，聯合國發展計劃署（UNDP）提出應對電子郵件開徵比特稅（Bit Tax），每100封電子郵件要交1美分的比特稅，全年估計可徵收600億美元~700億美元的稅收；聯合國擁有這筆稅款後，要將其用於資助發展中國家，縮小世界經濟中的貧富差距。
>
> 聯合國倡議的這種比特稅，實際上就是一種超國家的稅收，它自然遭到了成員國的反對。儘管這項建議一開始得到了許多歐洲政治家們的回應，但歐洲各國也不願由於比特稅的徵收而給電子商務的發展帶來負面影響。由於美國一貫主張將國際互聯網建成全球自由貿易區，反對對在線交易徵稅，而且美國從不徵收聯邦零售稅，政府沒有必要擔心不對電子貿易徵稅會給其帶來經濟上的損失，因此，對於比特稅方案，尤其以美國的反對聲音最大。1999年8月，美國國會參眾兩院通過決議，認為比特稅是對美國主權的侵犯，從而敦促美國政府反對這種由聯合國徵收的全球性稅收。

8.2.1.6.4 中國解決電子商務環境下常設機構標準適用問題的對策

中國的信息產業起步時間較晚，目前的電子商務還處在發展階段，與發達國家相比，電子商務交易的數量和規模都比較小，但隨著信息技術的不斷發展和相關政策法規的健全，中國的互聯網電子商務勢必會和發達國家一樣獲得飛速的增長，跨國電子商務交易額在中國的進出口貿易額中所占的比例也將迅速提高。如果我們不

能盡早地重視和研究解決電子商務的國際稅收分配問題的對策措施，政府將面臨著貿易額增長而稅基萎縮、財政收入流失的危險。面對這一形勢，中國應積極尋求對外合作，在遵循國際慣例和維護國家利益的前提下，參與新一輪電子商務稅收分配規則的制訂。

作為發展中國家，中國應強化所得來源地稅收管轄權，並對常設機構的概念作出新的詮釋。首先，堅持已良好運行多年的常設機構原則體系，同時對這一國際稅法的概念作出必要的調整和修訂，取消其中有關「固定的場所、設施」以及「人員的介入」等物理存在要件的限制要求，用更加合理和靈活的方式來實現電子商務中對常設機構的認定。

此外，值得一提的是，要實現電子商務稅收的實際徵收，不僅需要國家間稅務部門的相互協調，同時也要求仲介方、銀行金融機構、信用卡公司、海關係統、商檢系統、保險公司等各方機構的通力合作。

8.2.2 各國有關電子商務稅收的對策與主張

國際互聯網的應用以及電子商務的開展，給原有的稅收政策措施、管理方式帶來了新的問題與挑戰。如果不能很好地解決，這些問題可能會影響到一國的財政稅收，也可能會阻礙國際互聯網的推廣及電子商務的開展。為了保證政府的財政稅收以及電子商務的良好開展，有必要對電子商務實行有效的稅收管理。

理論上講，政府對一般的商業貿易、服務貿易徵稅，包括對網上進行的電子交易徵稅，應當無可非議，但由於互聯網上包括數字化的商品和服務的交易，有別於一般貿易，各國政府對網上徵稅顯得進退兩難，種種實際困難在考驗著各國政府。一方面，如果稅收政策不當，很可能會對互聯網的應用以及電子商務的開展產生阻礙作用，結果會因小失大；另一方面，保護互聯網交易稅收也是各國必須要面對的重要問題。因此，既要充分利用國際互聯網帶來的效率提高其潛在收益，從網上獲得最大的經濟效益，保證有足夠的稅收來源，又要不阻礙這種新技術的發展。這對各國政府來說是一個比較棘手的問題，也是各國開展電子商務所面臨的一項巨大挑戰。

各國政府對互聯網的稅收問題，基本上採取了謹慎的態度。1997年7月1日，美國總統克林頓發布的「全球電子商務框架」中指出：互聯網應宣告為免稅區。1997年7月初在波恩舉行的有關電子商務的歐洲聯盟會議上，歐盟各國原則上支持這一主張。至今為止沒有一個國家政府就如何將現行稅收概念應用於在互聯網上進行的商業活動而頒布法律或法規。這種謹慎的態度雖然使得網上徵稅增加了許多不確定因素，但鑒於互聯網的全球性及其發展變化的速度，從政府的角度看，這仍不失為一個正確的選擇。

針對新技術產生的新問題，各國政府暫時還拿不出一套切實可行的解決方案。不

過，一些國家已開始著手進行這方面工作的研究，並提出了一些有益的設想，如前面提到的「比特稅」。

互聯網有效公平稅收的指導意見原則：

（1）稅制必須公平。在進行同樣交易的相同情況下，必須以同樣方法向納稅人收稅。

（2）稅制必須簡單。稅收機關的行政費及納稅人的手續費應該盡量減少。

（3）對納稅人的各項規定必須明確，以使交易的納稅數額事先就一目了然，應該讓納稅人知道什麼東西、在什麼時候、什麼地點、納多少稅。

（4）無論採用哪種稅制，都必須是有效的。它必須在正確的時間產生正確數額的稅收，並最大限度地減少逃稅、避稅的可能。

（5）必須避免經濟變形。企業決策者應該是受商業機遇驅動，而不是受稅收條件驅動。

（6）稅制必須靈活機動，以便使稅收規章與技術及商業發展齊頭並進。

（7）必須把國內所通過的任何稅收規定及現行國際稅制的任何變化匯總起來，以便確保各國之間的因特網稅收公平共享，發達國家與發展中國家之間的徵稅基礎的確定尤為重要。

新聞事件：美國多州立法徵收網路購物稅

（更新時間：2012-02-10，16:02:01；來源於新浪科技-都市快報）

在英國，網店稅率與實體經營店一致。早在2002年8月，英國《電子商務法》就正式生效，明確規定所有在線銷售商品都需繳納增值稅，稅率與實體經營店一致，實行「無差別」徵收，分為三等，標準稅率（17.5%）、優惠稅率（5%）和零稅率（0%）。

在日本，《特商取引法》規定，網路經營的收入需要交稅，而且確實有一些日本人在按照法律納稅。據統計，日本年收益低於100萬日元的網店，大多沒報稅，而年收益高於100萬日元的，店主卻大都比較自覺地報稅。日本法律有一條規定——若網店的經營是以自己家為單位的，那麼家庭的很多開支就可以記入企業經營成本。在這種情況下，如果一年經營收入不足100萬日元，是不足以應付家庭開支的，就可以不用繳稅。

2010年7月1日，《網路商品交易及有關服務行為管理暫行辦法》實施，國內網店開始步入「實名制」時代。各界普遍猜測，這將是對網店徵稅的「前奏」，一時之間議論紛紛。

2011年6月份，武漢市國稅局開出國內首張個人網店稅單——對淘寶女裝網店「我的百分之一」徵稅430余萬元。據稱，在武漢的淘寶皇冠級以上網店都將被納入該市稅收徵管範圍。除武漢以外，成都市國稅局也對當地一家網店進行徵稅。

在美國，網上購物免稅的日子可能很快就要結束。十多個州已經制定法律或規定，強迫網上零售商收稅。還有十個州已經提出同類法規，等待審議。《今日美國》說，網上銷售徵稅立法的原因如下：一是預算缺口。全國州議會大會估計今年那些未徵收的銷售稅總額為230億美元。家住徵收銷售稅的各州居民網上購物也應當交稅，但零售商往往不收。二是零售商大力遊說。零售商長期以來都說同傳統商店相比，網上購物免稅給予網上零售商不公平的優勢。2011年12月，網路零售巨擘亞馬遜（Amazon）聲稱，如果顧客使用它的價格比對軟件，就給予顧客5%的折扣。此後要對網路銷售徵稅的壓力大增。

美國眾議院和參議院都提出立法，給予各州要求網路零售商徵稅的權力。儘管兩黨支持，新法案仍在國會擱淺。1992年，最高法院裁決，如果一家零售商不是實際設立在某個州，該州就不能強迫那家零售商為其徵收銷售稅。現在各州都說，那種要求應當包括網路公司的下屬機構、倉庫或者分銷中心。

但批評者說，那一措施將迫使網路零售商徵收幾十個州或轄區的銷售稅，而它們的稅率和應稅商品定義都不同。傳統商店只需要跟蹤一種稅率，而網上零售商要根據顧客在何處來徵稅。那種管理負擔是小商家無法承受的。他們可能被迫提高價格來彌補遵守新法規開支，那將傷害電子商務。

本章小结

本章主要介紹了電子商務的法律與稅收問題。

1. 電子商務的飛速發展給法律方面帶來了許多新的衝擊。包括安全性問題、知識產權問題、言論自由和隱私權的衝突以及電子合同等電子文件的有效性問題，這些問題都對建立新的法律制度提出了迫切要求。但是，對於電子商務交易法律法規的制定，不會是僅由某一個國家單獨完成，或各國各自完成。因為各國的法律不盡相同，有的甚至互相抵觸。比如，有的國家對互聯網內容有嚴格的審查制度，有的國家對加密軟件有很多限制措施，而有的國家並不加以限制。從電子商務的發展要求出發，各國「統一商務準則」的趨同是不可避免的。否則，當發生爭端時，國際律師必然更加各執一詞，沒完沒了，各國各自進行自己的立法工作顯然是不可行的。電子商務的全球性必然要求對之進行的立法工作要各國協調進行，其所涉及的方方面面遠遠不是一個簡單的問題，有待於各國政府的共同努力。

2. 企業間（B2B）的電子商務交易從貿易夥伴的聯絡、詢價議價、簽訂電子合同，一直到發貨運輸、貨款支付都可以通過網路實現，整個交易過程是無形的。這勢必為海關統計、稅務徵收等工作帶來一系列的問題，同時對各個國家內部的稅收制度

也帶來新的挑戰。在信息技術的推動下，電子商務作為一個影響深遠的新生事物，會在稅收方面產生雙層影響。一方面，信息技術使得海關和稅收管理部門能夠更加及時準確地完成有關數據、信息的交換，從而提高工作效率，改善服務質量；另一方面，出於電子商務的一些特性，使得國家稅務機構對電子商務，特別是互聯網上交易徵稅遇到了許多實際困難。

3. 為了保證政府的財政稅收，有必要對電子商務實行有效的稅收管理。國際互聯網的應用和電子商務的開展，給原有的稅收政策措施、管理方式帶來了新的問題與挑戰。如果不能很好地解決，這些問題可能會影響到一國的財政稅收，也可能會阻礙國際互聯網的推廣及電子商務的開展。然而，各國政府對網上徵稅又面臨著種種實際困難，如果政策不當，很可能會對網路的應用、電子商務的開展產生阻礙作用，結果因小失大。因此，既要從網上獲得最大的經濟效益，保證有足夠的稅收來源，又要不阻礙這種新技術的發展。這對各國政府來說是一個比較棘手的問題，也是各國開展電子商務所面臨的一項挑戰。面對電子商務給稅收工作帶來的挑戰，各國的稅收管理部門一方面要充分利用國際互聯網帶來的效率提高其潛在收益；另一方面要在保護稅收的同時，避免阻礙新興技術的發展。

本章習題

單項選擇題

1. 造成關稅徵收困難的商品是（　　）。
   A. 國內商品　　B. 國外商品　　C. 實物商品　　D. 無形商品
2. 《電子商務示範法》共 17 條，由兩部分組成。它既不是國際條約，也不是國際慣例，僅僅是電子商務示範的法律範本。因此，它不具有（　　）。
   A. 強制性　　B. 示範性　　C. 參考性　　D. 無條件服從性

判斷題

1. 電子商務作為一個影響深遠的新生事物，只會在稅收方面產生正面而非負面影響。
2. 在電子商務的情況下，確定交易人所在地、交易所在地並不困難。
3. 在電子商務的情況下，各國的稅收管轄權更容易確定。

4. 電子商務的發展給各國政府和企業帶來了許多新問題，其中以法律和稅收問題表現得尤為突出。

簡述題

請簡述在電子商務環境下，消費者的個人隱私權保護問題突出體現在哪些方面？

9 移動商務

9.1 移動商務概況

移動商務指運用無線通信技術這一新的信息技術，實現對移動網路的訪問，以此實現在移動網路中的商務活動，它是移動通信、PC 電腦與互聯網相融合的最新信息化成果，是商務活動參與主體在任何時間、任何地點即時獲取和採集商業信息的電子商務模式。移動商務活動以應用移動通信技術和使用移動終端進行信息交互為特性，用戶通過移動商務可即時訪問關鍵的商業信息並進行各種形式的通信。由於移動通信的即時性，移動商務的用戶可以通過移動通信在第一時間準確地與對象進行溝通，與商務信息數據中心進行交互，使用戶擺脫固定設備與網路環境的約束，最大限度地體驗自由商務空間帶來的享受。

可見，移動商務繼承了傳統電子商務的「任何人在任何時間」訪問有線網路的特性，並利用無線設備實現「任何人在任何時間與任何地點」對網路的訪問。

9.1.1 移動商務的發展

隨著移動通信技術和計算機的發展，移動電子商務也在不斷地發展更新中，迄今為止，移動電子商務已經經歷了三代。

第一代移動商務系統是以短訊為基礎的訪問技術，這種技術存在許多嚴重缺陷，最明顯的問題就是即時性較差，查詢請求不會立即得到回答。此外，短訊信息長度的限制使一些查詢得不到完整答案，這也是一個嚴重的問題。

第二代移動商務系統是以 WAP 技術為基礎的訪問技術，手機主要通過瀏覽器的方式來訪問 WAP 網頁，實現信息的查詢，這部分地解決了第一代移動訪問技術存在的問題。但第二代移動商務訪問技術也存在明顯的缺陷，主要表現在 WAP 網頁訪問的交互能力極差，因此極大地限制了移動電子商務系統的靈活性和方便性。此外，由於 WAP 使用的加密認證的 WTLS 協議建立的安全通道必須在 WAP 網關上終止，這會形成安全隱患，所以 WAP 網頁訪問的安全問題也是一大隱患，尤其是對於安全性要求頗為嚴格的政務系統來說是一個非常嚴重的問題。

第三代移動商務系統同時融合了 3G 移動技術、智能移動終端、VPN、數據庫同步、身分認證及 Webservice 等多種移動通信、信息處理和計算機網路的最新的前沿技術，以專網和無線通信技術為依託，為電子商務人員提供了一種安全、快速的現代化移動商務辦公機制，系統的安全性和交互能力有了極大的提高。

9.1.2 移動商務的特點

與傳統的商務活動相比，移動商務具有如下幾個特點：

（1）網路覆蓋面更廣泛。移動商務的無線化接入方式使得任何人都更容易進入網路世界，從而使網路覆蓋面更廣泛。

（2）不受時空限制。移動商務的最大特點是自由和個性化，傳統商務已經使人們感受到了網路所帶來的方便和享受，但其局限在於它必須有線接入，因此，傳統商務一般局限在室內進行。而移動電子商務則可以彌補傳統電子商務的這種缺憾，滿足人們隨時隨地購物、結帳、訂票的需求。

（3）潛在用戶規模大。中國的手機用戶已突破 13 億，是全球之最。顯然，從電腦和手機的普及程度來看，手機遠遠超過了電腦。而從消費用戶群體來看，手機用戶中基本包含了消費能力較強的中高端用戶，而傳統的上網用戶中以缺乏支付能力的年輕人為主。由此不難看出，以手機為載體的移動電子商務不論在用戶規模上，還是在用戶消費能力上，都優於傳統的電子商務，移動電子商務可供開發的潛力還很大。

（4）易確認用戶身分。對傳統的電子商務而言，交易雙方誠信問題一直是影響其發展的一大障礙，移動電子商務在這方面顯然具有一定的優勢。因為手機 SIM 卡片上存貯的用戶信息可以確定一個用戶的身分，而隨著未來手機實名制的推行，這種身分確認將越來越容易。對於移動商務而言，這就有了信用認證的基礎。

（5）個性化服務。由於移動電話覆蓋面大，且具有比 PC 機更高的可連通性與可定位性，因此移動商務的生產者和提供者可以更好地發揮主動性，為不同顧客提供定制化的服務。比如，可以對大量活躍客戶和潛在客戶提供個性化短信息服務，並可利用無線服務提供商提供的職業等人口統計信息和基於移動用戶位置的信息，給潛在客戶發送個性化短信息以更有針對性地進行廣告宣傳。

（6）易於推廣使用。移動商務的承載工具是手機、平板電腦及筆記本電腦等移動終端，其攜帶方便、使用靈活。因此，移動電子商務很適合在大眾化的個人消費領域使用，如商店的收銀櫃機、出租車計費器以及水、電、煤氣等費用的收繳等。而移動商務存在的上述特性使得其推廣使用變得簡單易行。

9.2 移動商務服務內容

目前，移動電子商務主要提供以下服務：

（1）銀行業務。用戶可通過移動電子商務隨時隨地在網上進行安全的個人財務管理，用戶可以使用其移動終端核查帳戶、支付帳單、進行轉帳以及接收付款通知等。

（2）交易。移動電子商務具有即時性，因此非常適用於股票等交易。移動設備可用於接收即時財務新聞和信息，也可確認訂單並安全地在線管理股票交易。

（3）票務。利用移動電子商務服務，用戶能在票價優惠或航班取消時立即得到通知，也可支付票費或在旅行途中臨時更改航班或車次。借助移動終端，用戶還可以瀏

覽電影剪輯和閱讀評論，然後訂購電影票。

（4）購物。借助移動電子商務，用戶能夠通過移動終端設備進行網上購物，傳統購物也可通過移動電子商務得到改進。例如，用戶可以使用「無線電子錢包」等具有安全支付功能的移動設備，在商店裡或自動售貨機上進行購物，讓顧客享受更隨意、更方便的購物體驗。

（5）娛樂。用戶可以借助移動終端設備收聽音樂，還可以訂購、下載或支付特定的曲目，此外，也可以玩在線交互式游戲、進行游戲付費等娛樂活動。

9.3 移動商務存在的問題與發展展望

9.3.1 移動商務存在的問題

（1）無線通道資源短缺、質量較差。與有線網路相比，由於無線頻譜和功率的限制，無線網路的帶寬較小，帶寬成本較高。與有線通信相比，無線通信時延較大，連接可靠性較低，超出覆蓋區域時，服務會被拒絕接入。所以網路營運商應和服務提供商應一起努力，優化網路帶寬的使用，增加網路容量，提供更加可靠的服務。

（2）面向用戶的移動業務還需改善和加強。就目前的情況來看，移動商務的應用更多地集中於獲取信息、訂票、炒股等個人應用，缺乏更多、更具吸引力的應用，這無疑將制約移動商務的發展。

（3）移動終端的設計還有待改進。目前的移動終端設備功能過於簡單，接口過於單一，無法適應移動商務的要求。為了能夠吸引更多的人從事移動商務活動，必須提供更加方便可靠、具備 GPS 定位、條形碼讀取、電子錢包等多種功能的移動終端設備。

（4）移動設備的安全性問題，當採用移動通信設備進行數據共享，移動設備功能的不斷增加時，這種安全性問題顯得更加突出。

9.3.2 移動商務發展的展望

根據 eMarketer 的統計數據發現，2013 年美國移動端的電子商務交易額達 388.4 億美元（約合 2,425.6 億人民幣），比 2012 年的 248.1 億美元（約合 1,549.4 億人民幣）增長 56.5%，預計到 2017 年，移動商務交易額將高達 1,085.6 億美元。

艾瑞諮詢認為，驅動美國移動端電子商務交易額增長的主要原因有以下三點：第一，移動電子商務交易額的迅速增長得益於智能手機和平板電腦等移動設備的普及。數據顯示，2014 年 4 月美國智能手機用戶達 1.66 億人，智能手機普及率超過 50%，龐大的移動智能終端用戶為移動電商提供了巨大的市場潛力。第二，相較於 PC 端電子商務，移動電子商務具有獨特的優勢。移動電子商務因為接入方式無線化，使得網

路範圍延伸更廣闊、更開放，進而消費者可以隨時隨地購物。第三，消費者購物習慣已發生轉變。移動互聯網的產生和發展改變了人們的生活方式，移動網購以便捷和價格低廉的購物體驗吸引了越來越多的消費者。此外，電商在移動電子商務上發力，採用打折促銷等活動，進一步促使用戶逐漸養成移動端購物的習慣。

雖然移動電子商務正在快速成長，但同時我們也需要清醒的認識到，與 PC 端購物、以及傳統市場相比，移動電子商務的發展依然處在起步階段，還遠沒有到達爆發的階段。雖然目前的無線網路受到帶寬容量等限制，但通過信息技術和便攜式移動終端的不斷發展，移動商務在美國和其他國家將成為電子商務發展的又一個高潮。

本章小结

移動商務指運用無線通信技術這一新的信息技術，實現對移動網路的訪問，以此實現在移動網路中的商務活動，它是移動通信、PC 電腦與互聯網相融合的最新信息化成果，是商務活動參與主體在任何時間，任何地點即時獲取和採集商業信息的電子商務模式。迄今為止，移動電子商務已經經歷了三代。與傳統的商務活動相比，移動商務具有如下幾個特點：①網路覆蓋面更廣泛；②不受時空限制；③潛在用戶規模大；④易確認用戶身分；⑤個性化服務；⑥易於推廣使用。移動商務服務內容範圍很廣，包括銀行業務、交易、票務、購物、娛樂等。移動商務的發展也存在一些問題，如無線通道資源短缺、質量較差，面向用戶的移動業務還需改善和加強，移動終端的設計還有待改進。雖然目前的無線網路受到帶寬容量等限制，但通過信息技術的不斷發展，移動商務將成為電子商務發展的又一個高潮。

本章習題

多項選擇題

1. 移動商務的主要特點有（　　）。
   A. 不受時空限制　　　　　　B. 潛在用戶規模大
   C. 個性化服務　　　　　　　D. 易確認用戶身分
2. 移動商務的應用領域有（　　）。
   A. 獲取信息　　B. 訂票　　C. 炒股　　D. 手機銀行

判斷題

1. 移動銀行簡單說就是以手機等移動終端作為銀行業務平臺中的客戶端來完成某些銀行業務。移動銀行的優勢業務有：移動銀行帳戶業務、移動經紀業務、移動支付業務。

2. 移動商務是傳統電子商務的擴展，它能利用最新的移動技術和各種各樣的移動設備，派生出很多更有價值的商務模式。移動商務的主要優勢是靈活、簡單、方便。它能根據消費者的個性化需求和喜好定制服務，並且設備的選擇以及提供服務與信息的方式也可以由用戶自己控制。

3. 目前，移動電子商務已經經歷了四代。

簡答題

1. 什麼是移動商務？移動商務具有哪些優勢？
2. 什麼是第三代移動商務系統？它有哪些特點？
3. 第一代移動商務系統存在哪些問題？

部分參考答案

1 導論
多項選擇題
1. AC　　2. ABCD　　3. ABC　　4. BC

2 網路營銷
單項選擇題
1. D　　2. A　　3. B　　4. C
多項選擇題
1. BCD　　2. ABCD　　3. ABC　　4. ABCD
判斷題
1. 正確　　2. 正確　　3. 錯誤

3 電子支付
單項選擇題
1. B　　2. D
多項選擇題
1. ABD　　2. ABC
判斷題
1. 錯誤　　2. 正確　　3. 錯誤　　4. 正確　　5. 正確　　6. 正確

4 電子商務的商業模式
多項選擇題
1. ACD　　2. ABCD　　3. ABCD
判斷題
1. 正確　　2. 錯誤　　3. 正確　　4. 正確

5　電子商務網站建設與相關技術
單項選擇題
1. A　　2. A

6　電子商務物流管理
單項選擇題
1. C　　2. A　　3. A　　4. D　　5. C
判斷題
1. 錯誤　　2. 正確

7　電子政務
單項選擇題
1. A　　2. B　　3. C　　4. B　　5. A　　6. C　　7. D
判斷題
1. 正確　　2. 正確　　3. 正確　　4. 正確　　5. 正確　　6. 錯誤

8　電子商務的法律和稅收問題
單項選擇題
1. D　　2. A
判斷題
1. 錯誤　　2. 錯誤　　3. 錯誤　　4. 正確

9　移動商務
多項選擇題
1. ABCD　　2. ABCD
判斷題
1. 正確　　2. 正確　　3. 錯誤

參考文獻

1. 仇瑾. 加強第三方支付平臺監管的建議 [J]. 金融發展研究, 2009 (5).
2. 王雅齡, 郭宏宇. 基於功能視角的第三方支付平臺監管研究 [J]. 北京工商大學學報 (社會科學版), 2011 (1).
3. 龔培華, 陳海燕. 第三方支付平臺中的犯罪問題與法律對策 [J]. 法治論叢, 2010 (1).
4. 張春燕. 第三方支付平臺沉澱資金及利息之法律權屬初探——以支付寶為樣本 [J]. 河北法學, 2011 (3).
5. 丁玉萍. 第三方支付盈利模式憂患 [J]. 中國民營科技與經濟, 2011 (7).
6. 加里·P. 施奈德. 電子商務 [M]. 北京: 機械工業出版社, 2006.
7. 邵兵家. 電子商務概論 [M]. 北京: 高等教育出版社, 2006.
8. 任鵬. 電子商務概論 [M]. 天津: 南開大學出版社, 2008.
9. 盧志剛. 電子商務概論 [M]. 北京: 機械工業出版社, 2008.
10. 李琪, 等. 電子商務英語教程 [M]. 西安: 西安電子科技大學出版社, 2002.
11. 龔炳錚. 電子商務案例 [M]. 大連: 東北財經大學出版社, 2001.
12. 沈美莉, 等. 網路營銷與策劃 [M]. 北京: 人民郵電出版社, 2007.
13. 谷秀鳳, 陳杰英. 網上開店、裝修與推廣完全掌控 [M]. 北京: 北京希望電子出版社, 2011.
14. 張之峰. 電子商務解決方案——中小企業應用 [M]. 北京: 北京師範大學出版社, 2011.
15. 陳月波, 等. 電子商務解決方案 [M]. 北京: 電子工業出版社, 2010.
16. 劉克強. 電子商務平臺建設 [M]. 北京: 人民郵電出版社, 2007.
17. 楊興凱. 電子商務戰略與解決方案 [M]. 北京: 機械工業出版社, 2011.
18. 杜文才. 旅遊電子商務 [M]. 北京: 清華大學出版社, 2006.
19. 宋文官. 電子商務概論 [M]. 北京: 清華大學出版社, 2007.
20. 謝康等. 電子商務經濟學 [M]. 北京: 電子工業出版社, 2008.
21. 歐陽峰. 電子商務解決方案——企業應用決策 [M]. 北京: 清華大學出版社, 北京交通大學出版社, 2008.
22. 柯新生. 網路支付與結算 [M]. 北京: 電子工業出版社, 2004.

後　記

　　本書編寫已經完成，但直到交付印刷，還總覺得有很多不完美的地方。雖然本書在電子商務與公共知識、電子商務第三方平臺與中國誠信問題以及電子商務的最新發展展望等方面有一些其他教材所沒有的思考，但總的來說，由於市面上已經有不少電子商務概論方面的教材，因此，本書的特色似乎不夠突出。此外，電子商務在中國的發展已經經歷了初期的起步階段、穩步發展階段與目前正在進行的快速發展階段，還有很多正在發生的電子商務領域的新變化沒有被包含進本書的研究範圍之內，比如阿里巴巴最近的私有化策略等。

　　由於電子商務離不開實踐，筆者將在今後編寫本教材的配套實驗與實踐參考教材，為讀者提供電子商務更多方面的理論和實踐參考。

　　本書編寫過程中，借鑑和參考了國內外大量的出版物與網上數據等資料，由於本書是編寫的教材，受此編寫性質所限，這些參考的資料未在文中一一註明，在本書最后的參考文獻中一併列出，在此，向各位學者表示感謝和敬意。

　　當然，由於能力和水平的問題，還希望讀者和專家、同行對本書提出寶貴意見，給予指導和幫助。

國家圖書館出版品預行編目(CIP)資料

電子商務概論 / 王悅 主編. -- 第二版.
-- 臺北市：崧燁文化，2018.11
　面；　公分

ISBN 978-957-681-484-6(平裝)

1.電子商務

490.29　　　107012839

書　　名：電子商務概論
作　　者：王悅 主編
發行人：黃振庭
出版者：崧燁文化事業有限公司
發行者：崧燁文化事業有限公司
E-mail：sonbookservice@gmail.com
粉絲頁　　　　　　網　址：
地　　址：台北市中正區重慶南路一段六十一號八樓815室
8F.-815, No.61, Sec. 1, Chongqing S. Rd., Zhongzheng Dist., Taipei City 100, Taiwan (R.O.C.)
電　　話：(02)2370-3310　傳　真：(02) 2370-3210
總經銷：紅螞蟻圖書有限公司
地　　址：台北市內湖區舊宗路二段121巷19號
電　　話：02-2795-3656　傳真：02-2795-4100　網址：
印　　刷：京峯彩色印刷有限公司（京峰數位）

　　本書版權為西南財經大學出版社所有授權崧博出版事業有限公司獨家發行電子書及繁體書繁體版。若有其他相關權利及授權需求請與本公司聯繫。

定價：350 元
發行日期：2018 年 11 月第二版
◎ 本書以POD印製發行